循环经济下的生态环境设计研究与应用

—— 王海文 ◎ 著 ——

哈尔滨出版社
HARBIN PUBLISHING HOUSE

图书在版编目（CIP）数据

循环经济下的生态环境设计研究与应用 / 王海文著
. — 哈尔滨：哈尔滨出版社，2022.12
ISBN 978-7-5484-6895-0

Ⅰ．①循… Ⅱ．①王… Ⅲ．①生态环境－环境设计－
研究 Ⅳ．①X171.4②TU-856

中国版本图书馆 CIP 数据核字（2022）第 216604 号

书　　名：**循环经济下的生态环境设计研究与应用**
XUNHUAN JINGJI XIA DE SHENGTAI HUANJING SHEJI YANJIU YU YINGYONG

作　　者：王海文　著
责任编辑：韩伟锋
封面设计：张　华
出版发行：哈尔滨出版社（Harbin Publishing House）
社　　址：哈尔滨市香坊区泰山路 82-9 号　**邮编**：150090
经　　销：全国新华书店
印　　刷：廊坊市广阳区九洲印刷厂
网　　址：www.hrbcbs.com
E－mail：hrbcbs@yeah.net
编辑版权热线：（0451）87900271　87900272
开　　本：787mm×1092mm　1/16　印张：12　字数：260 千字
版　　次：2023 年 1 月第 1 版
印　　次：2023 年 1 月第 1 次印刷
书　　号：ISBN 978-7-5484-6895-0
定　　价：68.00 元

凡购本社图书发现印装错误，请与本社印刷部联系调换。
服务热线：（0451）87900279

前　言

　　本书以循环经济模式下的生态环境设计为研究中心，将循环经济与生态环境设计的相关理论进行解析，对循环经济的不同发展模式进行深入分析，探讨循环经济与生态环境设计之间的相互作用。本书对目前已有的循环经济模式下生态环境的质量评价标准进行整理与完善，并针对当前循环经济模式下生态环境设计现状中存在的问题提出相关的建议与创新策略。

目 录

第一章 生态环境设计概念探析

第一节 生态环境设计的理论基础梳理

刚刚过去的 20 世纪，是工业文明高奏凯歌、达至辉煌的时代。人类借助科学技术的力量向大自然进军，创造出了人类史上前所未有的社会经济的繁荣。然而，当人类对大自然的强大干预超过了自然界的自身调节能力时，人类便陷入了生态危机，人类的存在和发展本身遇到了巨大的挑战。由此，人类与自然的关系便成了当代的一个突出问题，摆在整个人类面前。

自从人类步入工业文明，在短短的两百多年时间里，人类创造了比过去几千年农业文明所创造的财富总和还要多的物质成果。这是一个人类借助科学技术企图"改天换地""征服自然"的时代。虽然恩格斯早在 100 多年前就发出了警告："我们不要过分陶醉于我们人类对自然界的胜利。对于每一次这样的胜利，自然界都对我们进行报复。"但是，这位哲人的话并没有引起人们应有的重视。当自然界对人的报复和惩罚一再地、大规模地出现时，面对严重的生态环境危机，人们就不得不认真加以审视和思考了。1972 年，联合国通过了《人类环境宣言》，已经确认生态危机成为全球性问题。1992 年，联合国环境与发展会议通过了《关于环境与发展的里约宣言》及《21 世纪议程》，由此揭开了人类迈向生态文明的序幕。

随着人类生态意识的觉醒和可持续发展方针的确立，新的人类文明的曙光已经出现，这便是人与自然和谐共生的时代。

研究和建立"生态环境"是建筑环境发展的迫切需要，20 世纪最后 20 年，神州大地最伟大最令人瞩目的变化之一，就是无数建筑如雨后春笋般出现于各个城市的城区和郊区。昔日的"棚户区""大杂院"，已成为历史的记忆。"安得广厦千万间"的千年夙愿正大踏步地从理想变为现实。进入 21 世纪以后，城市建设发展的一个耀眼亮点，就是"生态环境""绿色住宅""健康住宅"理念的兴起。市场如何供给一个健康、舒适、美丽的生态家园，成为开发商家和消费者共同的热门话题。"天人合一"这个中国古代哲学中关于天、人关系的命题又重新被强调地提出来了。目的是要人们认识"天"与

"人"是紧密相连、不可分割的，"自然"与"人为"是相通和统一的。这里所谓的"天"，无疑是指"大自然""自然界"。环境建设中的"天人合一"，就是要求达到人文环境（包括居住环境在内）与自然环境的和谐、融合。"以人为本"的问题也被强调地提出来了。目的是要人们认识小区建设必须围绕"人"这个主体，一切实施举措都要为人的健康、舒适着想，为丰富人们的物质生活和精神生活着想。

生态环境的"审美"问题也成为人们关注的热点。在人的生态意识和生态价值观中，生态审美意识和生态美学规则是其重要组成部分。因为审美是以社会实践为基础而形成的人类文化生存方式和精神境界，它是人的生命活动向精神领域的拓展和延伸。美作为人与对象世界关系的和谐和丰富性，也表现在人与自然的和谐统一之中。

进行生态环境设计，实际上与城市设计、建筑设计很相似，重点在设计空间。环境艺术可以帮助完善城市空间，进行自身的空间创造。

设计是人类的基本活动，人类对自然环境、社会环境的创造行为即为设计。任何一项创造活动都会有一个目标，设计就是实现这一目标的必要进程。在设计的程序中包括设计方法、设计美学、设计的用途、设计的需求与目的、设计关系等诸多方面，其中仅以设计的关系而言，又包括设计与自然界、社会、科学技术的关系，以及设计与文化、教育、家庭的关系等。这些因素加在一起，形成一个综合性的设计功能。

环境与设计的相互关系，其最基本的问题是选择主体和客体的方法，以及对于相互作用的影响力。环境创造了人，人也构筑了环境：环境具有支配人类意识的力量，人的意识也具有改变环境的积极因素。

生态环境设计是长期以来横向交叉的边缘学科发展产物，是一门边缘性、综合性较强的新兴学科，与人类的衣、食、住、行等方方面面密切相关。生态环境设计概括地说就是对人类生活的不同形式空间进行设计，从而创造出独特的环境形象。

生态环境设计从广义上可被理解成以环境为衬托的景观设计和创造环境的设计。按照某些设计师的看法，以环境为衬托的景观设计追求的是与环境相适应的判断认识，而创造环境的设计，追求的是对环境形成的应用状态的认识。虽然二者均体现于生态环境设计中，但应用得更多的仍是创造环境的设计。创造环境的设计应包括两个方面，即设计"物"的存在和设计环境的性格。"物"是指有限空间内的环境构成要素，"物"因为材质形态、色彩等的不同而赋予环境不同的性格。当今生态环境设计主要体现在室内生态环境设计和室外生态环境设计两大范畴中。人们普遍所说的"生态环境设计"，或狭义的"生态环境设计"就是指室外生态环境设计。其构成要素有环境色彩、环境照明、环境装饰、环境景观、环境绿化、环境设施和环境小品等。

在没有设计师的年代里，人们对环境的安排更多是出于无意识的习惯，对环境对象的把握也只是基于浅显的认识。随着认识的深化，人们对环境的对象逐步形成了清晰的把握。按照对生活层次的组织关系，生态环境设计逐渐分化成对不同研究对象的分类：建筑、室内、园林、城市……这些现代学科研究的分类成果是人们的认识由混沌走向明晰的演变结果，同时也是人们对外部空间环境实施改造的一种深化过程。即使如此，现有的认识仍然具有粗放的一面。依照这种思想进行环境建设越来越显现出不足，其效果往往是正负参半：不是解决了主要问题而忽略了次要问题，就是解决了一种问题又带来了另一种问题。现在，当时间走到21世纪的时候，人们所面临的环境已经变得相当丰富而复杂了。由于环境的多样性、复杂性，原有的简单分类已经难以适应。多样化的环境形态，多边参与的建设方式，构成了当代环境的背景条件。这一方面表明人们对外部空间环境的认识具有更加丰富的设想，另一方面又反映出人们对环境品质的主动控制。

第二节　生态环境设计的方法分析

一、生态环境设计的技术构成

节地、节能、节水、节约资源及废弃物处理是生态环境设计中特别关注的技术内容。在工程实施过程中，生态环境涉及的技术体系则更为庞大，包括能源系统（新能源与可再生能源的利用）、水环境系统、声环境系统、光环境系统、热环境系统、绿化系统、废弃物管理与处置系统、绿色建材系统等，介绍如下：

（一）建筑主体节能

建筑环境主体节能要求在保证舒适、健康的室内热环境的基础上，采取有效的节能措施改善建筑的热工性能，降低建筑全年能耗，最大限度地减少建筑对能源的需求，以实现可持续发展的目标。

因此，建筑设计应充分考虑气候因素和场地因素，如地区、朝向、方位、建筑布局、地形地势等。应根据不同供暖方式来设计外墙的热工性能：寒冷地区的围护结构设计要考虑周边热桥的不利影响，同时应注意加强围护结构的保温；在夏季炎热地区，应充分考虑屋顶保温、遮阳、夜间通风等隔热降温措施的使用。此外，应充分利用天然热源、冷源来实现采暖与降温，如利用自然通风来改善空气质量、降温、除湿等。

（二）常规能源的优化利用

必须符合国家当前的能源政策；应合理地选择确定整个建筑中各设备系统的能源供应方案，优化建筑中各设备系统的设计和运行；结合居住区的具体情况（规模密集、区位、周边热网状况）采取最有效的供暖、制冷方式；并加强能源的梯级利用。

例如对于小区中的采暖系统，在城市规模、市政管网设施等条件适宜的地区应推广热电联产、集中供热等大型采暖方式；在有合适的低温热源可以利用的地区可考虑采用热泵等采暖方式；对以电为主要能源的地区，电力峰谷差大的地区宜采用蓄热技术；泵、风机等动力输送设备宜采用变频技术；集中供热应对热网系统进行优化设计，并加强保温；对于集中供热的采暖末端应设有热计量装置和温控阀等可调节装置。

（三）可再生能源的开发与利用

要尽可能地节约不可再生能源（煤、石油、天然气），并积极开发可再生的新能源，包括太阳能、风能、水能、生物能、地热等无污染型能源，提高可再生能源在建筑能源系统中的比例，同时要注意提高可再生能源系统的效率。

（四）水循环利用与中水处理

结合当地水资源状况和气候特点，保证安全的生活用水、生态环境用水和娱乐景观用水，制定相应的节水、污水处理回收利用、雨水收集和回用方案，实现水的循环利用和梯级利用。对于沿海严重缺水城市应考虑海水利用方案。努力提高水循环利用率和用水效率，减少污水排放量。

（五）材料与资源的有效使用

应选择在生产和输送过程中消耗的自然资源少且能持久的建筑材料，同时在建筑设计和施工过程中要注意实现材料的可重复使用、可循环使用和可再生使用；应选择在使用过程中不产生对人体和环境有害的物质的建材；减少垃圾的产出、暴露和运输，减少对环境的污染。

在技术成熟、经济允许的情况下可适当地使用新材料、新技术，提高住宅的物理性能。

（六）室外环境设计

应结合居住区规划和住宅设计来布置室外绿化（包括屋顶绿化和墙壁垂直绿化）和水体，以此进一步改善室内外的物理环境（声、光、热）。可利用园林设计来减少热岛效应，改善局部气候，保证小区内的温度、湿度、风速和热岛强度等各项指标负荷健康、舒适和节能要求；应注意为硬质地面和不透水地面提供必要的遮阳；地面铺装材料设计时应注意选择合适的反射率；应设计一定比例的有植物覆盖的绿色屋面；应提高基地的保水性能，减少不透水地面的比例；规划设计应使得人的活动区有舒适的室外风环境，方便人们进行户外活动；应仔细协调建筑的规划布局和单体设计，以处理好严寒地区、寒冷地区和夏热冬冷地区冬季防风的问题，同时保证夏季或过渡季建筑物前后有一定的压差，促进自然通风的进行。

二、生态环境设计的构成要素

置身于任何一个建筑外部空间环境中，人们都会很自然地注意到环境的各种构成要素，如铺地、草坪、雕塑、灯具、座椅以及环绕四周的建筑，等等。在外部环境中，能让人们感受到每一个实体都是环境的要素，也正是通过这些实体要素不同的表现形态和构成方式使人们获得了丰富多彩的生存环境。然而，单纯的要素集合并不足以形成环境，只有当它们之间以一定的规律结合成一个有机的整体时，环境才能真正地发挥其作用。

三、对环境设计中生态环境设计的方法

（一）地域性设计的方法

要想充分体现生态环境设计，还要针对环境本身所带来的从人文资源与自然资源的特色，发挥出应有的生态空间设计。不管是从材料、植物方面还是从文化方面，都给人们带来一场环境与人类的艺术设计盛宴。

（二）资源利用的方法

环境中有各种各样的可以利用的资源，为了能够更好地节约成本，我们将资源合理有效地运用到设计当中，使其发挥出更好的效益。

（三）能源开发的方法

现如今的生态环境设计，除了资源和材料的利用，还要将平衡能量深化到生态环境设计中。

第三节 生态环境设计的现状与问题分析

现如今，生态环境的逐渐恶化已经威胁到人们的生存和发展，加上人们对生态环境质量的要求越来越高，所以为了建设一个健康安全的、舒适的、持续的居住环境，生态环境设计就成了建设生态环境的重中之重。

人们不好的生活习惯和不良的开发行为对生态环境和资源造成了严重威胁，进而引发了生态环境被恶性污染、资源短缺，全球变暖出现南极冰川融化等现象，地球家园受到了严重的破坏。因而，我们十分迫切地希望对生态环境进行弥补。生态环境的建设首先需要对生态环境的合理设计，设计的过程十分复杂，但效果很明显。生态环境设计的出现能够促进人和环境共同和谐发展。

一、生态环境设计的中心理念

生态环境设计是一种以健康、环保理念为一体的重要设计特征，是生物的一种生活状态的集中体现，目前在环境设计中的运用范围十分广泛。从环境生态上讲，为了满足人们健康安全的居住环境、促进生态经济的可持续发展，要进行合理的生态规划，保证从环境保护的角度考虑，在以人为中心的情况下，降低成本造价，合理地避免资源的浪费，通过科学的技术处理方式，采用环保、可持续的材料及设计方法，做到环境无污染，让生态环境设计越来越相对自然、更加生态化，将人对环境的破坏程度降到最低。

二、对于生态环境设计的分析和思考

环境生态性设计主要是在保护生态环境的基础上，在实现人的物质及精神生活的同时，促进环境的可持续发展，更好地做好生态规划，能够保证在提高生活环境质量的同时维持环境空间生态的良性循环。

（1）生态第一的主旨由于人们对生态环境没有很强的保护意识，因此对于环境的破坏力度比较大。目前来讲生态环境十分的脆弱，很难修复到原来的模样，因而也影响了人们的正常生活和生态可持续发展的目标。因此，在生态建设当中，从一开始的决策规划到设计等阶段，我们只有全部进行有效的管理和全面的控制，才能慢慢修复生态环境。

（2）生态环境设计的积极性

在生态环境的建设中，我们需要克服一切困难，打消那些消极因素，将设计难点变成亮点，坚定信念，勇于迎接挑战，从而激发设计的积极性和发挥创新的精神。

（3）生态环境设计具有的可操控性

生态规划，说的是在生态环境建设中，对实施进行控制和指导，使其成果无论在图形上还是数字上都做到一目了然，方便对其的管理。

三、对生态环境设计的基本原则进行分析

健康舒适的设计原则。在生态环境设计时，我们主要依据健康、舒适的原则。要采用完全无污染、无伤害的建筑材料，以求保护环境的同时发挥其效益。

遵循自然的设计原则。过去，人们总想着如何征服自然，所做的一切的活动都在破坏着自然。现在，了解了自然与人的微妙的关系，就要正确地对待这层关系，适应和顺从它的发展规律，在此基础上，充分满足人们的所有要求。

保留乡土性的设计原则。在生态化设计中，要想做到可持续发展，在尊重自然的

前提下，有效地利用当地资源给我们的条件，加上当地人们的生活习俗，充分地保护当地资源的开发，做到基本还原。

四、生态环境设计实践中的问题与思考

引进生态技术及后期维护问题。生态技术要求环境美观，生态建筑更需要先进的设备技术，这就导致了高昂的费用。还有些材料要想看到刚开始施工时的效果也是需要长期维护的，这也是需要高昂的费用的。

选择生态材料的问题。环境建设中注重的不只是材料的美观程度，在环境破坏的程度上、所选材料的性价比上，应优先选用生态材料。

第二章 循环经济理论解析

第一节 循环经济总论

一、循环经济的理论基础

发展循环经济是我国的一项重大战略决策；是落实党的十八大战略部署，推进生态文明建设，加快转变经济发展方式的重要举措；是建设资源节约型、环境友好型社会，实现可持续发展不可避免的选择。然而，循环经济的理论基础是什么？这是发展循环经济首先必须解决的问题。因此，本节从哲学、生态学、生态经济学和循环经济制度等方面对这一问题进行了探讨。

（一）循环经济的哲学基础

研究循环经济首先要回答什么是循环经济，什么是循环经济的基础。这是一个哲学问题。也就是说，循环经济包含了一个关于自然规律的基本概念，需要哲学的启示。康芒纳在《封闭的循环》中提出了生态学的四个法则，即每一事物都与别的事物有关；一切事物都必然要有其去向；自然所懂得的是最好的；没有免费的午餐。这实际上就从哲学层面揭示了循环经济的基本原理。

1. 每一事物都与别的事物有关

这一规律也是马克思主义哲学原理中联系的普遍观点。传统的工业经济只考虑工业生产过程本身的线性关系，是"资源、产品和污染物排放"单向流动的线性经济，即资源转化为废物的不断流动，经济的数量增长是通过自然成本的反向增长来实现的。与此不同的是，循环经济是一种封闭的物质流循环经济，它倡导一种与地球和谐发展的经济模式，要求经济活动在"资源、产品和可再生资源"的反馈过程中发展。在当前的经济周期中，所有的材料和能源都必须得到合理和持久的利用。循环经济充分考虑了工业生产及其联系的一般关系，以及工业生产与自然生态环境的关系，体现了普遍联系的哲学观。

2. 一切事物都必然要有其去向

法则强调自然界中没有"浪费"的东西。在经济活动中，人类创造的物质产品，无论是作为废物还是作为可再生资源，总是存在的。传统工业经济学只考虑资源的来源、生产过程和生产效益，而不考虑破坏自然生态的"浪费"的"命运"。地球上的物质太多了。它们已经成为新的形式，并被允许进入尚未考虑到"一切都必须保持原样"的法则的情况。因此，许多有害物质聚集在自然条件不适合它们的地方。循环经济充分考虑了工业生产中的废弃物对自然的污染，减少了传统工业生产末端产生"废弃物"的倾向，使自然污染最小化。

3. 自然所懂得的是最好的

该法则强调自然的自组织、自进化和自我调节的生态规律，在自然生态系统的长期进化中，存在着内在的生态规律，制约着自然生态系统的所有要素，包括人类活动。生态组织法意味着生态系统有自己的目的和价值，必须遵循人类活动，包括经济活动。传统工业经济是遵循因果规律的经济，而循环经济不仅遵循因果规律，而且遵循自然生态长期演化的自组织规律。

4. 没有免费的午餐

任何产品都有价格。人类的经济活动有利于人类的生存和发展，但同时也有破坏生态环境的代价。传统的工业经济活动往往只注重经济效益的最大化，而忽视了破坏环境的长期成本。循环经济强调经济效益的获得对自然的危害必须最小，是生态成本最低的经济形式。

（二）循环经济的生态学基础

循环经济是经济生态化的表现形式，生态学是其最重要的学科基础。运用生态经济学基本原理指导循环经济的理论与实践，已成为学术界的共识。

1. 循环再生原理

循环经济的本质要求是复合生态系统结构与功能的重新耦合。材料的回收、再生和利用是一项基本的生态原则。在人类大规模地改造地球之前，大多数自然生态系统的结构和功能都是对称的。能量和信息流动顺畅，系统得到有效控制，生物圈处于良性发展状态。工业经济发展和城市化改变了这一格局，不同的生态子系统在生产者（如种植）、消费者（如城市）和分解者（如污水处理等）、物流生态系统中表现出不同的特征，这些生态子系统打破了流与流之间的结构与功能。这导致了全球生态系统功能的恶化，产生了一系列的环境、资源和安全问题，构成了对人类可持续发展的直接威胁。循环经济作为一种可持续发展的经济模式，本质上是一种生态经济。发展循环经济和建设循环社会的根本要求是对人类复杂生态系统的结构和功能进行重新耦合，构建一个前所未有的大型生态系统项目。

2.共生共存、协调发展原理

经济系统和生态系统之间的共生关系是指生态系统中的各种生物通过全球生物、陆地和化学循环有机地联系在一起，共同生活在一个稳定和有利的环境中，必须保持团结。自然生态系统是一个稳定高效的共生系统。通过食物链和复杂的食物网络，系统中所有可用的物质和能量都可以得到充分利用。从本质上来讲，自然、环境、资源、人口、经济、社会等要素之间存在着普遍的共生关系，形成了一个以"社会经济自然"为特征的复杂生态系统。人与自然是相互依存、共生的系统。

循环经济强调复杂生态系统三个子系统之间的相互依存和共生。在传统的工业经济发展模式中，这三个子系统成为相互制约的因素，导致社会、经济和自然系统的恶性循环，复合生态系统可能萎缩甚至崩溃，从而产生各种环境问题。在传统的工业系统中，企业的生产和排放是相互独立的，生产过程是相互独立的，没有建立起互利的发展体系。这是造成高污染、低资源利用率的主要原因之一。产业生态学是近年来发展起来的一门学科，它是根据自然共生系统的运行模式，建立产业企业和产业共生系统。工业生态学强调尽可能地实现工业体系内部物质的闭环循环，建立工业体系中不同工业流程和不同行业之间的横向共生和资源共享，为每一个生产企业的废弃物找到下游的"分解者"，建立工业生态系统的"食物链"和"食物网"，通过最大限度地打通内部物质的循环路径，建立企业或行业共生体内部物质循环的链条，实现资源节约、经济效益和环境保护三赢。只有建立完善的行业间（工业、农业、服务业等）共生网络，才能保证整个社会生产系统内部资源利用效率的最大化。

3.生态平衡与生态阈限原理

作为生态系统共生子系统的循环经济发展应遵循的基本生态规律是：生态平衡规律和生态阈值。生态平衡是生态系统的动态平衡。在这种情况下，生态系统的结构和功能是相互依存的。在一定的时间和空间内，生态系统的各个组成部分可以被限制、处理和补偿。反馈等功能处于最佳协调状态，表现为能量和物质的输入和输出之间的动态平衡，信息传输平稳、受控。闭环循环经济的物质循环模型基本上建立了投入产出结构与功能平衡的复合生态系统，提高了其自我调节和自组织能力，只在一定的范围和条件下运行。如果干扰太大，超过了生态系统本身的调节能力，它们可能会破坏生态平衡。这一临界限值称为生态阈值。

在开发和管理复杂的"社会经济 - 自然"生态系统时，必须严格注意生态阈值，以便能够最佳地恢复和开发具有再生能力的生物资源。这种生态系统自我调节机制不应被人类社会的经济活动所破坏，它必须充分利用人类的经济活动。例如，草的生产力和任何草的储存能力之间都存在反馈平衡。在没有人为干预的情况下，草地生产力和草地生态系统的累积能力将趋于动态平衡，以维持草地生态系统的生产力。为了实现复杂生态系统的可持续发展，人类必须在其生产和实践过程中尊重生态系统的自我调节机制，而不是随意利用这些机制。人类必须在自然法允许的范围内从事生产活动。在社会发展，特别是区域发展的战略规划中，应充分利用生态系统的自我调节机制，以确保区域发展的可持续性，促进人的全面发展。

4. 复杂系统的整体性层级原理

从微观到宏观的生命系统，包括细胞、组织、器官、个体、种群、群落、生态系统等，形成了一个多层次、多功能的复杂结构。当一个大单元由小单元组成时，随着结构的复杂化，新的属性被添加，新的函数和特征被生成。这是完整性层次结构的原则。这一理论的基本思想是一般法大于土地法的总和，土地法只有在整体的规范下才有意义。发展循环经济，建设循环社会，必须以制度为中心，以整体为中心，调整和控制整体与部分的关系，协调整体与地方利益的作用。

5. 生态位理论

只有地理位置优越，经济发展才能具有比较优势。简而言之，生态位是指在一定的时间和空间内，生物资源（食物、栖息地、温度、湿度、光、大气压力、溶解氧、盐度等）稳定的有机体，是在长期的进化过程中形成的。具体的生态定位则具有较大或相对较大的生存优势，即受多种生态因素制约的多维、大容量的复杂生态时空。

生态位的形成弱化了不同物种之间的恶性竞争，有效地利用了自然资源，使不同物种都能够获得一定的比较生存优势，这正是自然界各种生物欣欣向荣、共同发展的原因所在。家鱼共生混养的生产模式，就是生态位理论的应用实例。它们的生态位分别处于共生水体的不同层面，采食不同性质的食物。它们之间不但不会发生生存资源的竞争，而且生活在水体中上层的鳙、鲢没有完全利用的饲料以及排泄的粪便，可以被草鱼利用，提高了资源（空间、食物等）利用效率和生态系统的生产力。

在一个复杂的生态系统中，生态位不仅适用于自然子系统中的生物，而且适用于社会和经济子系统中的功能和结构单元。人类社会活动的许多领域都存在生态位定位问题。只有正确引导，才能形成自己的特色，发挥比较优势，减少国内消费和浪费，提高社会发展的整体效率和效益，促进社会的良性健康发展。

在我国社会经济的发展过程中，存在着许多生态位的重叠。例如，许多地区从典型地区"移植"了经济发展模式、社会制度、教育改革等。这些现象层出不穷，导致进化信息模板高度一致，生态位组成与生态系统各子系统高度发展。这种重叠导致了大多数地区发展比较优势的丧失，严重影响了地区的发展和进步。因此，运用生态位理论可以帮助我们找到社会和经济发展的机会。例如，在经济转型期间，一个产业利基的空缺是一个外部空缺。另一个例子是，在传统经济体制下，循环产业是一个弱势产业，但已成为新的经济增长点等。

6. 生态系统服务的间接使用价值大于直接使用价值原理

生态系统服务是有助于人类生存和生活质量的生态系统商品和服务。商品是在市场上以货币表示的商品。生态系统服务是指在市场上无法买卖但具有重要价值的生态系统功能，如环境净化、水土保持和减灾。事实上，历史长期以来一直表明，生态系统服务的价值远远超过人们的直觉理解。弗·卡特在《表土与人类文明》一书中对人类文明与地球表土之间的关系进行了详细的探讨。表土状况是生态系统服务功能状态的一种可观测的表象，它是人类活动等因素共同作用的结果。弗·卡特认为，古巴比伦、古埃及、古印度和古希腊文明的兴盛无不以其所依托的优越的自然条件和生态系统服务为基础；而这些兴盛一时的灿烂古文明的衰落，又无不与人类不合理的利用和破坏生态系统（不合理的农田灌溉、无节制的森林砍伐、破坏牧场等）导致的表土流失和生态系统服务功能的丧失有关。生态系统的服务功能事关人类及其文明的兴衰和发展。

间接利用生态系统服务的价值远远超过其直接利用。传统的工业经济更加注重生态系统的直接利用价值，产生了许多不良后果。据中国科学院可持续发展战略研究小组首席科学家于文元说，多年来的平均计算表明，中国 GDP 增长至少 18% 是由于资源和生态的"过度依赖"，这种"过度掠夺"是指过度利用生态系统服务功能，这必然导致生态系统结构和功能的逐步解构，直接威胁经济和社会的长期发展。

因此，保护和改善生态系统服务功能应成为建设循环经济和循环社会的优先事项。特别是对于目前超载的生态系统，有必要通过对人类掠夺性开采生态系统产品的制度限制，建立一个能源价格、资源价格、环境价格、生态补偿条例、企业成本核算、绿色税收等制度体系。人类活动和消费在生态阈值内受到限制，需要恢复和保护生态系统服务。

（三）循环经济的生态经济学基础

循环经济的生态经济学基础包括生态政治经济学、生态计量经济学和生态经济伦理学。

（1）生态政治经济学

循环经济不仅是一种技术性的运作方式，而且是一种社会生产方式，因此必须用马克思主义政治经济学的观点对其进行研究。

1）生态生产力与生态技术

从生态文化的角度来看，传统教科书将"生产力"定义为人类征服和改造自然的能力。过去，生产力的主要特点是工具和工业技术。工业技术是人类中心主义精神的现代实践。技术水平越高，对自然资源的破坏就越大。根据生态文化的观点，生产力应该是通过和谐利用自然创造财富的能力。生产力包括以下三种形态：

第一，自然生产力。马克思明确提出了"自然生产力"的概念。自然生产力是指自然资源、自然物质、能源、信息及其过程的作用或力量，不受劳动者直接干预的自然生产力。马克思称之为"简单生产力"。以前，我们只考虑工具和人的生产力，而忽视了自然本身的生产力。生态生产力将自然生产力纳入生产力范畴，研究自然生产力与社会生产力的关系。

第二，生态技术。绿色技术并不是一般的工业技术，而是符合生态规律的技术，主要包括污染控制、废物处理和清洁生产技术。生态科学不仅需要对物质因果规律的认识，而且需要对生态规律形成程序性认识。它不仅是一门线性科学，而且是一门非线性科学。

第三，精神生产力。生产力的主体不是工业和技术文化的人，而是生态和文化思想的人。人作为生态系统的一员，具有自身的价值、关系和生态性，需要形成一种整体性、有机性和系统性的思维。

2）生态生产关系

生态生产关系是调整人与人之间物质利益关系的社会结构。生态生产关系的市场经济运行机制超越了以私有制为基础的自由市场经济，分析了以公有制为基础的社会主义市场经济运行机制导致生态保护。在生态生产关系方面，循环经济和生态文化对"现代产权理论"提出了挑战。西方规范的市场经济体制的基础是私有制。一些私有制有利于生态保护，但不利于整个生态保护。建立在私有制基础上的自由市场经济会有不可避免的"负外部性"问题，其目的是使短期资本收益的经济利益最大化，但这并不能促生生态保护。资本主义是现代的，社会主义作为其根本否定，是后现代的。我们认为，社会主义公有制生产关系更符合共生、和谐发展、阶层综合的生态原则，而不是资本收益最大化的私有制。

（2）生态计量经济学

生态计量经济学主要研究生态国民经济核算体系，即绿色GDP（绿色国内生产总值）。1993年，联合国有关统计机构正式出版的《综合环境与经济核算手册》提出了生态国内产出绿色GDP的概念。也就是说，生态国民生产总值是从目前的国内生产总值中扣除环境资源和保护环境服务的成本，绿色GDP可以更准确地描述一个国家的经济总产出和国民收入水平。绿色GDP是衡量一个国家发展水平的统一标准，绿色GDP的核算方法主要有两种：一种是收入法，即所有者所有收入要素（如工资、利润、利息等）的总和；另一种是支出法，即要素所有者的总支出（如消费品、投资品、净出口等）。经济总量增长的过程必须是自然资源消耗量增加的过程，也是环境污染和生态破坏的过程。就GDP而言，我们只能看到经济总量或经济总收入，却无法准确地估计其背后的环境污染和生态破坏程度。现有的统计和经济核算方法没有考虑到环境因素（包括自然资源、生态系统和环境容量），因此获得的经济数据不准确，而且要高得多。各省、部门乃至全国公布的GDP数据存在较大误差，这可能使我们错误地判断国家的经济状况，做出高估和乐观的估计。基于这些GDP数字的政治决策可能会有很大的偏差。

为了从根本上缓解经济发展与环境保护之间的矛盾，促进企业、产业乃至整个社会生产力的更新和发展，必须尽快实施绿色 GDP 制度，摒弃现行的 GDP 核算方法和不包括环境成本贡献的核算方法。绿色 GDP 指标基本上代表了国民经济增长的净正效应。绿色 GDP 占 GDP 比重越大，对国民经济增长的正面影响越大，负面影响越小，反之亦然。

（3）生态经济伦理学

经济伦理学属于应用伦理学，也是经济学研究的延伸、扩大和具体化。生态经济伦理学是伦理学、经济学和生态学的交叉学科，是市场经济发展的产物，是市场经济活动中固有的伦理原则和道德规范。经济伦理关注经济价值与伦理价值的关系，而生态经济伦理则需要对经济价值、伦理价值与生态价值的关系进行更深入的研究。市场经济主体追求利益最大化并不总是符合社会公共利益和生态价值观，因此，要在不损害社会福利和生态价值的前提下，探索生态经济伦理。生态经济伦理的基本内容除了具有传统经济伦理的合理性和合法性外，还包括自由平等原则、等价交换原则和效率原则。此外，它还包括生态伦理原则。生态经济伦理的实现涉及生态循环经济体系的构建。

（四）循环经济的制度基础

发展循环经济，必须有相应的符合生态规律和循环经济要求的政治、法律制度保障，有相应的文化道德环境支撑。

（1）生态法律制度与行政管理制度

发展循环经济需要对国家权力进行宏观管理，制定循环经济法和环境保护法，建立生态法制和行政法制。现代工业企业与环境密切相关。一方面，生态环境是现代工业企业生存和发展的外部条件。对于某些特定的企业（如专业农业、酿酒、精密仪器和电子信息产品），生态起着决定性的作用。另一方面，在企业发展中，企业是用户的生态环境。环境作为一种公共物品与企业生产作为一种私人物品之间存在着巨大的冲突。企业在生产过程中大量地排放三种废物（废气、废水和固体废弃物）。企业的经济效益往往是以牺牲环境为代价的。循环经济是一个由企业内部循环、生产之间循环和全社会循环三个层次组成的宏观产业体系，利用国家权力推动这一制度的建立。

发展绿色消费市场和资源回收产业不能仅仅依靠私营企业作为利润最大化的引擎。在绿色消费中，绿色产品及其标识的识别需要政府管理；发展循环经济还需要国家支持制定环境价格政策、绿色税收政策、金融投资政策、金融信贷政策、生态补偿政策和污染收费政策；政府协调的资源回收产业。

另外，还要推进循环经济发展的立法，通过法律法规和政策对循环经济发展进行引导。比如 1991 年德国按照"资源—产品—资源"的理念制定《包装法规》，1996 年颁布了《循环经济与废物管理法》；美国 1976 年通过了《资源回收保护法》，1990 年通过了《污染预防法》；日本 1998 年制定了《家用电器回收利用法》。

（2）生态文化教育制度

循环经济是一种广义的文化活动，必须从根本上建立与生态伦理相适应的伦理文化观念体系和生活方式，从根本上改变现代享乐主义和消费主义的价值观和生活方式。这就要求通过标准化的生态教育体系，培养数以百万计的新的生态文化观念。生态世界观的知识分子在公共空间作为媒介的宣传教育中的作用至关重要。

生态文化是一种世界观、生产方式和生活方式。生态文化首先是世界观和思维方式的转变。古代文化是一种神圣而朴素的生态文化，现代工业文明是一种理性文化。基本思想是一种机械的世界观，一种以人为中心的主客体理论，一种将世界转化为分析工具和思维方式的工具论。生态文化以一种有机的、整体的、系统的世界观来看待生态系统，认为生态系统是"自然、社会、人"自我组织、自我意志和自我调节的三元复合系统。在这个复合系统中，自然不是一个可以被他人征服和改造的纯粹客观化的对象或工具，而是一个自我组织和自我进化的过程，具有进化方向的自然过程是一种命题主体性的某种意义。因此，一个生态系统的每一个要素都有其内在价值，对其他生态系统的成员也有工具价值，生态系统的价值在生态系统中占有独特的生态位，并在整个生态系统的进化中发挥作用。人在生态系统中也占有自己的生态位，是自然生态系统的平等和独特的成员，不是征服和改造自然的主体，而是调节的主体。因此，人与自然的关系不是现代思维方式中的"主客体关系"，而是一种相互指导、相互影响、相互作用的"主体间关系"。主体间性是一种"可逆"的关系，正如梅洛·庞蒂所说，人与人之间、人与世界之间，存在意义上的"看得见的世界"与"看不见的世界"。人与人之间的主体间关系影响着人与自然之间的主体间关系以及人与人之间的主体间关系。它们相互改变，构成了一个世界"同居"。人与人之间的关系，特别是上一代人与下一代人之间的关系，是一种由自然作为中介而建立的平等的"共存"关系。当代人对自然的保护是值得后代学习的。因此，在本体论意义上，人的生态伦理必须建立在生态价值观的基础上。一方面，作为自然的调节者，人类必须考虑到自己对自然生态系统的独特责任，以及照顾所有生态"伙伴"的义务，以便自然能够更好地进化；另一方面，人类是生态价值的被动主体，必须遵守自然生态系统的自组织和进化规律，而不是违背自然生态系统的自我进化规律，成为促进增长的罪人。工业文明不如农业文明的一个原因是，它只关注自然的因果规律，而忽视了生态的自我进化规律，破坏自然的速度更快，部分短期利益是以牺牲人类的长期生存和发展为代价的。危害自然罪是对自己的犯罪，是对人类长期存在基础的破坏。这可能是从非循环经济发展模式向循环经济发展模式转变的最重要的现实意义和历史意义。这就要求根据生态法的要求，改革人类的生产方式和生活方式。

二、循环经济的概念和原则

循环经济发端于生态经济，诞生于 20 世纪 60 年代的美国。1962 年美国生态学家蕾切尔·卡逊发表了《寂静的春天》，指出生物界以及人类所面临的危险。之后，美国经济学家肯尼思·鲍尔丁在 1966 年发表《一门科学——生态经济学》，提出了著名的"宇宙飞船经济理论"，开创性地提出了生态经济的概念和生态经济协调发展理论，这是循环经济的早期代表。大致内容为：地球就像在太空中飞行的宇宙飞船，要靠不断消耗自身有限的资源而生存，如果不合理开发资源、破坏环境，就会像宇宙飞船那样走向毁灭。因此，宇宙飞船经济要求一种新的发展观：第一，必须将过去那种"增长型"经济转变为"储备型"经济；第二，要改变传统的"消耗型"经济，而代之以"休养生息型"经济；第三，实行注重福利量的经济，摒弃只注重生产量的经济；第四，建立既不会使资源枯竭，又不会造成环境污染和生态破坏，能循环使用各种物资的"循环式"经济，以代替过去的"单程式"经济。

自那时以来，人们越来越认识到经济增长系统对自然资源的无限需求与稳定生态系统中有限的资源供应之间的矛盾。要围绕这一矛盾推进现代文明进程，必须走一条更加合理的生态经济发展道路，强调生态系统与经济系统的相互适应、相互促进、相互协调。生态经济是经济发展与生态环境保护建设有机结合、相互促进的经济活动形式。它要求以生态经济协调发展为指导，遵循自然、经济、社会、环境相结合的原则，作为一个以生态系统为基础的系统，建设强调从生态角度进行经济资本投资，承认生态系统是经济活动的载体，但又是生产的重要组成部分，实现经济发展、资源节约、环境保护和人与自然和谐的相互协调和有机统一。

（一）循环经济的起源

循环经济是人类与环境的关系长期演变的产物。从历史上看，人类的经济发展模式经历了三个阶段的变化，并开始朝循环经济的模式转变。

1.传统经济模式

在人类社会早期，人类主要从事捕鱼、狩猎和采集活动，生产力极低。人在强大的自然面前是软弱的，只能信任和服从。因此，他对自然的态度主要是崇敬。在这个阶段，人是自然的一部分，在与自然的物质交换中，他与其他动物基本上是一样的。自然是生命的源泉。

进入农业社会后，社会生产力有了长足的发展，人类改造和控制自然的能力大大增强。为了满足他们的生存需要，人类开始砍伐森林、烧毁牧场、种植庄稼、修路、挖掘运河等，并越来越容易控制粮食生产。面对这些成就，人类征服自然的思想迅速发展，对自然的利用和破坏程度不断提高，人与自然的关系逐渐走向分离甚至对抗与冲突。

16世纪，随着资本主义的发展和第一次工业革命的开始，人类开始进入大规模征服自然的阶段。现阶段，人类依靠科学技术的力量，继续提高社会生产力，使其又一次飞跃，造成环境污染、生态失衡、能源短缺、城市交通拥堵、人口膨胀、粮食短缺等，这一系列问题严重困扰着人类，说明工业革命的百年历程人为地阻碍了人与自然和谐统一的关系。人类"征服"了自然，但自然也"征服"了人类，使人类陷入发展的困境。

通过对人类社会发展历史的分析，我们可以初步得出以下结论：传统的农业和工业经济是以人为本的，具有高开发、低利用、高排放的特点，是以"资源、生产、分配和资源"为基础的。"消耗—报废"和"资源—产品—污染"是社会的运行方式和物流方式。他们没有意识到经济活动对环境的影响，不断寻求自然资源，不经处理就将废物排入环境。这将不可避免地加剧环境污染、生态破坏和资源短缺。因此，经济系统内部和外部的物流交换远远大于系统内部的物流交换。经济增长消耗了大量的自然资源、能源，可持续发展不能以牺牲环境为代价。

2.末端治理模式

在工业化中后期，环境污染已成为制约经济发展的重要因素。在经历了马斯山谷的烟雾、伦敦的烟雾、天使的光化学烟雾和日本的水俣病等一系列公共危险之后，人类终于觉醒并开始彻底反思。他们对自然的态度有了转变，认识到保护环境的重要性。这些活动为人类提供了控制环境污染的可能性。自20世纪60年代以来，发达国家通过投入大量的人力、物力资源，将末端处理技术广泛应用于污染防治。虽然这一模式取得了一些成果，但它基本上仍然是"先污染后处理"，即在生产链末端或废物排入自然之前进行一系列物理、化学或生物处理，以尽量减少污染物对自然界的损害。

最终的治理模式主要基于庇古最初的"外部效应内部化"，认为通过征收庇古税可以实现减排目标。科斯定理也成为政府生活目的的另一个理论基础。该定理提出在产权明晰的前提下，通过协商解决环境污染问题，实现帕累托优化。库兹涅茨环境曲线理论认为，当环境污染与人均国民收入的关系达到一定水平时，环境问题很容易解决。环境资源交易机制的"最大化"和"最小化"理论也成为生命周期治理的理论基础之一。

这些理论为早期环境经济学家提出的"污染者付费原则"提供了理论保障，对遏制环境污染的迅速蔓延起到了历史性的作用。然而，生命周期理论并没有为资源短缺甚至枯竭的现实提供一个分析框架。治理的主要缺陷是治理的技术困难，治理成本高，难以平衡经济、社会和环境效益以及难以调动企业家精神。能源和资源没有得到有效利用，有些原本是可以回收利用的。原材料浪费已成为"三废"，造成不必要的资源浪费和环境污染；在污染物排放标准中，只注重浓度控制而忽视总量控制。在大量废物产生的情况下，实际污染物排放量很容易超过环境容量。

总体来说，最终治理仍然以人权为基础，捍卫价值观和人权仍然是人类活动价值的最基本出发点和最终衡量标准。就环境而言，虽然某些形式的污染物的产生可以通过最终处理减少，但污染物往往从一种环境转移到另一种环境。例如，废气净化产生废水，废水净化产生污泥，固体废物焚烧产生空气污染。因此，尽管终端治理模式在治理过程中产生了很小的周期，但整个物质流过程仍然是线性的，导致环境质量下降，资源供给枯竭，最终导致人类生存环境的恶化。

3. 循环经济模式

20 世纪 90 年代以来，可持续发展问题已引起各国政府的关注，越来越多的有远见的人认识到，资源和环境问题日益严重的根源在于工业革命后采用的人与自然的经济模式。追求人与自然的共生福祉和和谐发展已成为各国共同关心的问题。循环经济是一种长期探索的符合可持续发展目标的有效模式。

20 世纪 70 年代以前，循环经济的理念仍然是一个先进的概念，人们越来越关注如何处理污染物，以减少危害。20 世纪 80 年代，人类在经历了"废物排放""废物净化"和"废物利用"的过程后，开始转向废物的再利用。然而，大多数国家仍然缺乏战略方面的专门知识和政治行动，无法确定污染物生产是否合理，以及这些关键问题是否应从源头上加以预防。20 世纪 70 年代和 80 年代的环境运动主要关注经济活动的生态后果，而经济运行机制本身却被排除在研究之外。源头预防和全过程治理，而不是临终治理，被纳入国际环境与发展政策。

循环经济是清洁生产与废物综合利用的有机结合。它不仅要求材料在经济系统中多次重复使用，而且所有进入系统的材料和能源都要在一个连续的循环过程中得到合理和持续的利用。为了实现生产和消费的"非物质化"，并尽量减少物质消耗，特别是自然资源的消耗，还需要经济系统向环境排放的废物能够被环境吸收，总排放量不超过环境本身的净化能力。循环经济"非物质化"的一个重要途径是提供功能性服务，而不仅仅是产品；最大限度地"使用"商品材料，而不是"消费"；大幅度降低材料消耗，同时增加对材料的需求。同时，经济系统中的几个工业部门协调运作，以一个部门的废物为另一个部门的原料，以实现"低开采、高利用、低排放"，从而产生"最优生产、最优消费、最小浪费"。

总之，循环经济物流模式可以认为是"资源—生产—流通—消费—再生资源"的反馈式流程，运行模式为"资源—产品—再生资源"。

（二）循环经济的概念

"循环经济"一词首次正式出现是在 1996 年德国颁布的《循环经济与废物管理法》中。2000 年，日本颁布了《循环型社会形成推进基本法》和若干专门法，采用了"循环型社会"概念。国际上与这一概念相关的说法集中体现在工业领域和废旧资源利用领域，形成了诸如清洁生产、生态工业（园）、工业共生体、零排放、废物减量化和最小化等说法。目前一些发达国家在循环经济的研究和实践方面取得了很多成果。

"循环经济"这一术语在中国出现于20世纪90年代中期，在研究过程中，学术界从广义和狭义的资源综合利用、环境保护、技术范式、经济形态和增长方式等不同角度对其进行了不同的界定。目前，国家发展和改革委员会对循环经济的定义是建立在资源高效利用和循环利用的基础上的，基本上以减量化原则为指导，以资源的再利用和利用、低消耗、低排放和高效率为基本特征的资源高效利用和循环利用。从可持续发展和经济增长来看，这是一个根本性的转变，传统的增长方式是大规模生产，但这一定义指出循环经济是一种可持续发展和经济增长的模式，充分利用我国目前相对稀缺的资源和大众消费，对于解决制约我国经济发展的资源瓶颈具有重要的现实意义。

从长远来看，循环经济本质上是一种生态经济，是可持续发展理念的具体体现和实现。它要求遵循生态经济、合理利用自然资源和环境的能力，按照"3R"经济发展原则，按照自然生态系统的循环和能量流重建经济系统，在物质循环过程中与自然生态系统相协调，融入经济系统，实现经济社会可持续发展。发展绿色经济活动，建立与生态环境结构和功能相协调的生态社会经济体系。

（三）循环经济的基本原则

循环经济的核心是建立"资源—产品—再生资源"的生产和消费方式，减少资源利用及废物排放（Reduce），实施物料循环利用（Recycle），废弃物回收利用（Reuse），这就是被广泛推崇的"3R"法则。

1. 减量原则

需要减少进入生产和消费过程的材料数量，即减少原材料和能源投入，以满足既定的生产或消费需要，节约资源，减少经济活动的污染源。在生产过程中，产品的体积和重量往往需要小型化，产品包装追求简单，而不是奢侈和浪费。在生活中，减少人们对物品的过度需求，达到减少浪费排放的目的。

2. 再利用原则

产品和包装必须能够在其原始形式中多次使用。在生产过程中，制造商经常需要设计标准尺寸的产品，以便在不更换整个产品的情况下更换零件，同时促进再制造的发展。

3. 循环原则

它要求生产的产品一旦完成其功能，就可以成为可用的资源，而不是无用的垃圾。材料通常有两种回收方式。一是回收资源后形成与原材料相同的产品；二是资源回收后形成不同的新产品。循环经济原则要求消费者和生产者购买含有大量循环物质的产品，从而关闭了循环经济的整个过程。

在上述原则中，还原原则是一种输入方法，其目的是减少进入生产和消费过程的物质数量；重用原则是一种程序方法，旨在提高产品和服务的使用效率；回收利用原则是一种从出口方面处理废物的方法，通过将废物转化为资源来减轻最终处置的负担。然而，减少、再利用和再循环的原则在循环经济中的重要性并不相同。优先考虑的是减少、再利用和再循环的原则。

实际上，循环经济不是简单地通过循环利用来实现废物资源化，而是在可持续发展理念指导下的一种新经济发展模式，其强调在优先减少资源消耗和废物产生的基础上综合运用"3R"原则。德国颁布的《循环经济与废物管理法》中明确规定了对待废弃物的优先处理顺序为：避免产生—循环利用—最终处置。首先，从源头上防止浪费的思想取代了生产结束时的处理思想，污染防治贯穿于生产和消费的全过程。第二，对于无法控制或减少其来源的"废物"，以及消费者使用的包装和物品，应考虑通过一级和二级资源的组合进行回收，以最大限度地提高其使用价值。最后，当现有的两种方法在授权条件下不可行时，应进行环境友好的处理和处置。

很明显，废物减少的水平是通过提高废物的再利用和再循环来提高的。通过提高资源的再利用和再循环水平，有效地促进废物减少。循环经济的"3R"允许最有效地利用资源，以最小的投入最大限度地回收利用，最大限度地减少污染物排放，并使经济活动适应自然生态系统物质循环的规律，以实现生态变化。

三、循环经济的基本特征

传统经济是"资源—产品—废弃物"的单向直线过程。财富创造越多，资源消耗越多，浪费越多，对环境资源的负面影响就越大。循环经济以最低的资源消耗和最低的环境成本来获得最大的经济和社会效益。实现经济系统与自然生态系统物质循环过程的和谐，促进资源的可持续利用。因此，循环经济是对传统的"大规模生产、大规模消费、大规模废弃"经济模式的根本性变革。它是一种科学发展观，是一种具有自身独立特点的经济发展新模式。其特征主要体现在以下几个方面：

第一，新的系统观。循环经济是一个由人、自然资源、科学技术组成的大系统，循环经济要求人们在考虑生产和消费时，不能脱离这个大系统，而是要把符合客观规律的经济原则作为大系统的一部分来研究。

第二，新的经济观。在传统的工业经济要素中，资本周期和劳动周期是不可分割的，只有自然资源不构成一个周期。循环经济的概念要求应用生态规律，而不仅仅是机械工程来指导经济活动，必须考虑到工程能力和生态能力。在生态系统中，经济活动超过资源承载力的循环是导致生态系统退化的恶性循环，只有资源能力内的良性循环才能实现生态系统的平衡发展。

第三，新的价值观。在自然思维中，循环经济不再被视为传统工业经济的"回收场"和"垃圾场",也不再是一种可利用的资源,而是人类赖以生存的生命。生态系统是保持良性循环的基础。在考虑科学技术时,重要的是要充分考虑到它们不仅有能力发展自然,而且有能力恢复生态系统,使之成为一项有利于环境的技术。在发展过程中,人不仅要考虑自己征服自然的能力,而且要重视自己与自然和谐相处的能力,以促进人的全面发展。

第四,新的生产观。传统工业经济的生产理念是:最大限度地开发利用自然资源,最大限度地创造社会财富和利润;而循环经济的生产理念是充分考虑自然生态系统的能力,最大限度地保护自然资源,不断提高其利用效率,实现资源的循环利用,创造良性的社会财富。在生产过程中,循环经济理念要求遵循"3R"原则;同时,还需要尽可能地用可再生和可回收资源,如太阳能,取代不可再生资源。风能、农业肥料等,使生产合理依赖于上述自然生态循环;尽可能地利用高新技术,以知识投入代替物质投入,实现经济、社会、生态的和谐,使人类能够在良好的环境中生产和生活,真正提高人民的生活质量。

第五,新的消费观。循环经济的概念要求我们走出传统工业经济中存在的"拼命生产、拼命消费"的神话,促进物质的适度消费和不同层次的消费,把废物的回收与消费结合起来,树立循环生产和消费的观念。同时,循环经济的概念要求通过财政和行政手段限制使用不可再生资源制造的一次性产品的生产和消费,如酒店一次性产品、餐厅一次性餐具和豪华包装。

第六,循环经济的本质是技术范式的革命。从技术经济学的角度来看,循环经济实际上是一场技术范式的革命。根据著名经济学家乔瓦尼·多西的定义,技术范式是解决选定的技术经济问题的模型。这是一个基于微观技术的定义,在宏观层面上,技术范式可以定义为以社会生产为主导的技术体系的基本特征和过程模式。循环经济中的技术主体需要传统工业经济线性技术范式之外的反馈机制。在微观层面,企业需要纵向扩展生产链,从产品生产到废物回收和再生;对生产过程中产生的废物进行回收和无害化处理的技术系统进行横向扩展。在宏观层面,有必要将整个社会和技术系统联网,以便在所有行业回收资源,并以工业无害的方式综合处理废物。循环经济的技术体系是建立在提高资源利用效率的基础上的。高技术发展是以经济增长为导向的科技发展,以资源的再生、循环利用和无害化处理为手段,保护生态环境,促进经济社会可持续发展。这基本上是一场技术范式的革命。

第七,循环经济是我国新型工业化的最高形式。党的十六大提出,全面建设小康社会,我国要走科技含量高、经济效益好、资源消耗低、环境污染少、人力资源优势得到充分发挥的新型工业化道路。事实上,循环经济模式是新型工业化道路的最高形式,它要求用新的理念和新的制度来调整旧的产业结构,以激励企业和社会寻求可持续发展的新模式。循环经济作为一种新的技术范式和生产力发展的新途径,为新型工业化开辟了新的途径，信息化带动工业化，发展高新技术产业，用高新技术改造传统制造业，提高技术资源的综合利用效率，这些都是新型工业化的重要内涵，但不是所有的制度创新都是新型工业化的最高形式。

四、循环经济的层次体系

循环经济主要研究经济体与其环境之间的相互作用。基于生态学原理，将该研究划分为企业个体、企业群体、企业间、产业群落、循环经济系统五个层次。

一是企业个体层面（对应个体生态学）。本标准是研究循环经济的基础，是研究减少和再利用原则的范围，研究企业与环境的关系。对企业的产品、副产品和废弃物进行了综合研究，主要内容是现代生产技术和环保技术的开发和应用。

二是企业群体层面（对应种群生态学）。当相似的企业聚集在一起时，它们对环境的影响不仅重叠，而且具有乘数效应。因此，研究企业集群的环境影响具有重要意义。该领域的研究主要运用生态学和经济学的原理，是循环经济研究的一个跨学科领域。

三是企业间层面（对应种间生态学）。它侧重于生产者（或消费者）和分解者之间的关系，以及如何将废物用于资源利用，通过技术手段降低资源利用成本，或通过产业集群创造产业间协同效应。这是循环经济的理论基础，它主要以技术学科和生态学科为基础，也需要经济理论的支持。

四是产业群落层面（对应群落生态学）。通过合理规划和整合，协调和整合不同产业间的关系，结合当地的自然和社会基本条件，形成合理的循环经济产业园区规划，形成产业间的激励效应，并探讨其利弊。构建产业集群内生资源的良性循环体系。该领域的研究主要是以生态学思想为基础，以"整合、协调、循环、再生"的思想构建研究体系。

五是循环经济系统层面（对应生态系统生态学）。要建立一个对整个人类社会产生全面、积极影响的高层次循环经济体系和社会生产环境，就必须找到最基本的经济理论基础，为循环经济体系建立一个稳定的基本环境。这是公共经济学的外部性原则。循环经济的理念可以通过在国家和全球范围内创造和改善人类环境、法律环境和社会公共基础设施而自发产生，从而使循环经济体系产生更强的内生动力，完全取代自然对实体经济运行方式的贡献。

五、循环经济发展中的各经济角色定位

（一）循环经济中政府的角色

我国循环经济的发展是在市场经济条件下进行的。在市场经济条件下，市场机制在社会资源配置中起着至关重要的作用。然而，现实市场存在着一些自身无法克服的

缺陷，主要表现在市场机制的自发性和盲目性及其运行的局限性、信息不对称和不完全性以及市场竞争等方面。市场失灵是市场经济的一个极其重要的特征。政府最重要的经济职能之一是纠正市场失灵，合理配置资源，保持有效的市场竞争。

1. 提供公共产品

政府是为社会提供公共产品的主体。公共产品的存在是市场失灵的表现之一。与私人物品不同，公共物品的特点是效用不可分割、非竞争性消费和非排他性利益。它们不能由私营部门通过市场提供，否则可能发生"公共地的悲剧"。循环经济中的自然资源和环境一直被视为具有公共物品属性的公共物品。每个人对资源和环境的消费取决于他对社会的贡献总量。虽然他的生产涉及生产其他物品的机会成本的损失，但他或她没有机会成本来消费它。例如，自然景观的欣赏，一个人的消费（也是一种消费），不会影响另一个人对同一景观的消费。资源和环境的另一个特点是供应的不可分割性。在许多情况下，个人可以有偿或免费消费（例如，空气消耗、阳光）。不能排除的是，消费者不会为这些物品的消费买单，这将导致所谓的"免费旅行"现象。空气、阳光、水、土地、矿山等都不同程度地具有公共物品的性质。正是由于这些公共资源具有上述特征，资源被过度开发，环境遭到破坏，生态系统失衡。政府经济职能的目标之一是防止"公共产品悲剧"，确保社会所有成员的最大公共利益，并有效地提供公共产品和服务。特别是国防、环境保护、义务教育等公共物品，必须由政府通过宏观经济政策提供。

2. 校正外部性

由于外部性的存在，政府也在发挥其资源配置的作用。外部性是指私人边际成本与社会边际成本或私人边际收益与社会边际收益之间的不一致性，当一些个人或企业的经济行为影响到另一个人或企业，但两者都不负责任时，有些费用或报酬不足。外部性有两种类型：正外部性和负外部性。人们普遍认为，发展循环经济所带来的环境和资源问题是由资源浪费和资源与环境外部性造成的环境退化引起的。资源和环境具有公共物品的性质，因此具有西方福利经济学所界定的外部性特征，其中大部分是负的。例如，工厂排放污染河流的废水，直接向空气中排放有害气体，杀虫剂和化肥污染作物和土地，但这很少反映在生产者的成本中。可以说，上述各种外部性无处不在。正外部性或负外部性，如果不加以纠正或补偿，可能导致资源分配失败。因此，政府有义务用非商业方法，包括税收来纠正这些问题。用于纠正外部性的财政措施、货币和金融政策各不相同。它们可以通过对具有负外部性的污染物征税、提高对相关行业的贷款利率和迫使污染者降低生产水平来减少污染，此外还可以通过财政补贴等措施刺激生产，以纠正正外部性造成的生产短缺。

3. 完善市场

政府履行资源配置职能，也表现为对不完全竞争的干预。循环经济市场失灵的另一个表现形式是相应的市场不完善。市场垄断和不完全竞争将导致资源配置失败。政府可以通过宏观经济政策优化市场结构，加强市场运作。为了提高配置效率，政府可以垄断制造商的财政补贴，增加产量，降低价格，并使用新的财政补贴工具或相关限制，或者可以直接委托这些企业生产产品，或者按照市场规律，对公共价格、产业组织、竞争，实施法律和其他手段以维持有效的市场竞争。

（二）循环经济中市场的角色

在社会主义市场经济体制下，在发展循环经济的过程中，企业和政府之间是通过"看不见的手"——市场联系起来的。

1. 发展循环经济需要一个统一、开放、竞争、有序的市场体系。

如果存在市场壁垒、地区和部门之间的分工、市场规则和政策不一致，那么循环经济系统中的经济单位或经济系统就无法有效地沟通，使其独立运行变得无关紧要。与系统的一般运动协调。因此，要保证我国循环经济体系的正常运行，必须在全国范围内形成大规模的循环经济和大规模的市场格局，特别是要形成与国际市场的对接机制。这是我国发展循环经济，进入世界循环经济链条的前提。

2. 市场可以通过自身的不断完善从而逐步创建有利于循环经济发展的各项制度。

随着市场经济体制的建立和完善，循环经济发展中的产权、环境资源使用权交易和管理、企业参与、激励机制的建立和绿色管理等问题日益突出。生态税等制度和调整问题可以通过市场逐步发展和调整。此外，市场机制的自催化特性也可以使我们的产业结构能够自我调整，朝着更有利于可持续发展的方向发展。

3. 在发展循环经济的过程中，企业和政府能随时根据市场的变化进行自我调整与适应。

众所周知，市场瞬息万变，这就要求企业和政府随时随地了解市场的变化，做出相应的调整，以适应市场的变化，保证循环经济的顺利发展。此时，政府宏观调控的"看得见的手"作用正在发挥。政府主要通过法律和政治手段调节循环经济，建立健全的循环经济法律制度，禁止非法贸易和其他法律禁止的市场活动。

4. 市场竞争可以推动循环经济发展。

市场竞争使企业试图利用功能性、高质量、低环境污染的新产品来确定和扩大市场份额，从而提高循环经济的生产水平。此外，多生产者竞争中的创新活动形成了更高层次的社会产品结构，使消费者有更多的选择，并促进社会消费模式向循环经济转变。

总之，市场机制是实现资源优化配置的最有效途径，在发展循环经济中发挥着不可替代的作用。

（三）循环经济中企业的角色

在发展循环经济的过程中，企业扮演着重要的角色，具体表现在以下几方面：

1. 企业在发展循环经济的过程中承担着三重责任。

企业是一个独立的会计经济单位，从事生产、分配或服务活动。企业（特别是私营企业）几乎完全承担经济责任，主要是为了所有者的利益。然而，人们对社会的看法发生了变化，企业不仅要承担经济责任，还要承担社会和环境责任。社会责任主要是指遵守企业道德，保护职工权益，发展慈善事业，为社会公益事业捐款。

环境责任是指保护环境和节约资源。只有承担经济、社会和环境责任的企业才能被视为合格和先进的企业。

2. 企业是发展循环经济的主角。

循环经济的核心要素是以"3R"原则为指导的物质循环。就工业而言，物流有三个层次：小循环、中循环和大循环。小循环是企业内部的物质循环。例如，来自下游工艺的废物作为再加工的原料返回上游工艺，其他消耗品在企业内回收。例如，下游工业的废物被送回上游工业作为原材料进行再加工；或者，一个特定行业的废物和剩余能源可以被送往其他行业使用，以扩大规模。大循环是企业与社会之间的物质循环。例如，在工业产品被使用和丢弃后，一些物质被送回原始工业部门，并作为原材料重新使用。

显然，上述三个层次的物质循环是由企业主导的。小周期发生在企业内部，中周期发生在企业和企业之间，大周期发生在企业和社会之间。由此可见，企业是循环经济发展的推动者。企业内部物质的良性循环是发展循环经济和清洁生产企业的首要任务。具体工作中最关键的一步是：根据质量守恒定律，仔细研究每个过程中的各种物质、每个环节、名称、数量、化学成分、物理参数、能量及其输入和输出。一旦这一步骤完成，就可以研究哪些废物和剩余能源可以在公司内部回收，哪些不能使用，但可以出售给其他公司，并作为原材料再利用。因此，它可以提高资源利用效率，改善环境，企业也可以从中受益。

3. 企业是循环经济"生产者责任制延伸"的承担者。

工业物质的大量流通是企业必须关注的一个重要问题，企业不仅负责产品的生产，而且负责报废产品的回收、有用材料和部件的回收。这种责任被称为"生产者的延伸责任"。要使企业与社会的物质循环顺利发展，就必须建立相应的报废物资回收机制，企业也必须承担相应的义务。

第二节　发展循环经济的背景和意义

一、我国资源状况

我国拥有世界 9% 的耕地、6% 的水资源、4% 的森林、1.8% 的石油、0.7% 的天然气、不到 9% 的铁矿石、不到 5% 的铜和不到 2% 的铝，为世界 22% 的人口服务。大多数矿产资源的人均占有量不到世界平均水平的一半。我国人均煤炭、石油和天然气资源仅占世界平均水平的 55%、11% 和 4%。中国最大的比较优势是人口多，最大的劣势是资源短缺。由于追求增长率和消耗大量资源的广泛发展模式的持续存在，自然资源的消费也大幅度增加，而贫穷和落后现象却蓬勃发展，并逐步加强。这意味着不可再生资源的绝对减少，可再生资源也有明显的弱化趋势。

（一）土地资源

在人类社会经济发展中，土地在自然界中起着非常重要和独特的作用。地球一旦与人类联系在一起，就不仅是一个纯粹的自然综合体，而且是人类生产和自然资源不可或缺的组成部分。中国的农业和粮食问题实际上是一个土地问题。我国人均粮食产量为加拿大的 1/5，棉花产量为美国的 1/3，肉类产量为加拿大的 1/4。

1. 耕地资源

我国土地资源的特点是"一多三少"，即总量多，人均耕地少、高质量的耕地少，可开发后备资源少。虽然我国现有土地面积居世界第三位，但人均土地面积仅为世界平均水平的 27.7%；世界第二大耕地面积，人均耕地排在世界第 67 位。这些有限的耕地中有相当一部分因干旱而退化，或受到严重污染。储备资源 2 亿亩，其中耕地 1.2 亿亩。考虑到生态保护的需要，耕地后备资源的开发受到严格限制，未来可以补充开发的耕地非常有限。

种植业为全国农民直接和间接地提供了 40%~60% 的经济收入和 60%~80% 的生活必需品。在我国，人均耕地面积由 1949 年的 0.19 公顷减少到 2001 年的 0.1 公顷，减少了 53%，有的省份人均耕地面积不足 667 平方米。北京、广东、福建、浙江等省（市）以及相当一部分（县）市人均耕地面积在 400 平方米以下，已低于国际上规定的 534 平方米的警戒线，比日本的 467 平方米还要低 67 平方米。2001 年，各类建设等占用耕地，致使耕地净减少 61.73 万公顷。2000 年耕地面积比 1991 年和 1995 年分别减少了 249.81 万公顷和 179.61 万公顷，减少幅度分别为 1.91% 和 1.38%。在耕地数量不断减少的同时，人口不断增加，人均耕地面积迅速降低，人地矛盾日益突出。2000 年我国人均耕地面积约为 0.10 公顷，比 1995 年约减少了 0.01 公顷，比 1991 年减少了 0.02 公顷。

根据调查，我国现有可利用荒地资源约 1.25 亿公顷，包括宜林荒地 7600 万公顷和宜农荒地 3500 万公顷，人均分别只有 0.06 公顷和 0.03 公顷。其中，宜农荒地还不足世界宜农荒地的 2%，而且大部分分布在边远山区，土地贫瘠，开发利用难度较大。近几年，我国荒地资源也随着耕地资源骤减而呈现减少趋势。截至 2013 年年底，全国共有农用地 64616.84 万公顷。其中，耕地 13516.34 万公顷（20.27 亿亩）；林地 25325.39 万公顷；牧草地 21951.39 万公顷；建设用地 3745.64 万公顷，其中城镇村及工矿用地 3060.73 万公顷。

2. 森林资源

根据第八次森林资源清查（2009—2013）结果，我国有森林面积 2.08 亿公顷，活立木蓄积量 164.33 亿立方米，森林蓄积量 151.37 亿立方米，森林覆盖率为 21.63%，比新中国成立初期的 8.6% 增加 10 多个百分点。我国森林面积居俄罗斯、巴西、加拿大、美国之后，列世界第五位，森林蓄积居俄罗斯、巴西、美国、加拿大、刚果（金）之后，列世界第六位。人工林保存面积 5325.73 万公顷，列世界第一位。

总体来看，我国森林资源总量不足、质量不高、分布不均。森林覆盖率远低于全球平均水平（31%），人均森林面积仅为世界平均水平的 1/4，人均森林蓄积量只有世界平均水平的 1/7。在我国现有森林中，中幼龄林占比较大，其面积、蓄积分别占林分总面积、总蓄积的 67.85% 和 38.94%。从地域分布上看，我国森林东北、西南地区多，其他地区少，黑龙江、吉林、内蒙古、四川、云南、西藏六省区的总的森林面积、蓄积分别占全国的 51.4% 和 70%，而华北、西北地区的森林资源较少，尤其是新疆、青海两省区的森林覆盖率不足 5%，其中新疆只有 2.94%。

按林种划分，我国现有用材林面积 7862.58 万公顷，防护林面积 5474.63 万公顷，经济林面积 2139.00 万公顷，薪炭林面积 303.44 万公顷，特种用途林面积 638.02 万公顷。按林地权属划分，我国现有国有林面积 7334.33 万公顷，集体林面积 9944.37 万公顷。按林木权属划分，我国现有国有林 7284.98 万公顷，集体林 6483.58 万公顷，个体林 3510.14 万公顷。全国现有天然林面积 11576.20 万公顷，占有林地面积的 68.49%；天然林蓄积量 105.93 亿立方米，占全国森林蓄积的 87.56%。全国现有人工林面积 5325.73 万公顷，占有林地面积的 31.51%；人工林蓄积量 15.05 亿立方米，占全国森林蓄积的 12.44%。

我国现有湿地面积 3848.55 万公顷（不包括水稻田湿地），居亚洲第一位、世界第四位，约占世界总湿地面积的 10%。世界各种类型的湿地在我国均有分布，其中，自然湿地 3620.05 万公顷，占 94%；库塘湿地 228.50 万公顷，占 6%。在自然湿地中，沼泽湿地 1370.03 万公顷，近海与海岸湿地 594.17 万公顷，河流湿地 820.70 万公顷，湖泊湿地835.16万公顷。目前，全国已有1715万公顷、45%的自然湿地得到了有效保护，许多湿地恢复了生态功能。

3. 草地资源

我国拥有草场近4亿公顷，约占国土面积的42%；但人均草地只有0.33公顷，为世界平均水平（0.64公顷）的52%；我国草地可利用面积比例较低，优良草地面积小，草地品质偏低；天然草地面积大，人工草地比例过小，天然草地面积逐年缩减，质量不断下降。草地载畜量减少，普遍超载过牧，草地"三化"不断扩展，我国90%的草地不同程度退化，中度退化以上的草地面积占50%，全国"三化"草地面积已达1.35亿公顷，并且每年以200万公顷的速度增加。我国84.4%的草地分布在西部，面积约3.3亿公顷。

我国是世界上荒漠化和沙化面积大、分布广、危害重的国家之一，严重的土地荒漠化、沙化威胁着我国的生态安全和经济社会可持续发展。全国第五次荒漠化和沙化监测（2009—2014）结果表明，截至2014年，全国荒漠化土地总面积26115.93万公顷，占荒漠化监测区面积的78.45%，占国土总面积的27.20%。其中，风蚀荒漠化土地面积18263.46万公顷，占全国荒漠化土地总面积的69.93%；水蚀荒漠化土地面积2500.85万公顷，占9.58%；盐渍化土地面积1718.57万公顷，占全国荒漠化土地总面积的6.58%；冻融荒漠化土地面积3633.05万公顷，占全国荒漠化土地总面积的13.91%。我国荒漠化土地分布在北京、天津、河北、山西、内蒙古、辽宁、吉林、山东、河南、海南、四川、云南、西藏、陕西、甘肃、青海、宁夏和新疆18个省（区、市）的528个县，集中分布于新疆、内蒙古、西藏、甘肃、青海5省区，荒漠化土地面积分别为10706.18万公顷、6092.04万公顷、4325.62万公顷、1950.20万公顷和1903.58万公顷，分别占全国荒漠化土地总面积的40.99%、23.33%、16.56%、7.47%、7.29%。其余13省（区、市）荒漠化土地面积合计为1138.31万公顷，占全国荒漠化土地总面积的4.36%。

2014年，全国沙化土地总面积17211.75万公顷，占国土总面积的17.93%，分布于除上海市、台湾地区、香港和澳门特别行政区外的30个省（区、市）的920个县。其中，半固定沙地（丘）面积16万公顷，占9.55%；固定沙地（丘）2934.30万公顷，占17.05%；露沙地910.39万公顷，占5.29%；沙化耕地485.00万公顷，占2.82%；风蚀劣地（残丘）637.91万公顷，占3.71%；戈壁6611.58万公顷，占38.41%；非生物治沙工程地0.89万公顷，占0.01%。我国沙化土地集中分布于新疆、内蒙古、西藏、青海、甘肃5个省区，其沙化土地面积均在1000万公顷以上，分别为7470.64万公顷、4078.79万公顷、2158.36万公顷、1246.17万公顷、1217.02万公顷，分别占全国沙化土地总面积的43.40%、23.70%、12.54%、7.24%、7.07%，5个省区沙化土地面积合计为16170.99万公顷，占全国沙化土地总面积的93.95%；河北、陕西、宁夏3个省区沙化土地面积均超过 100 万公顷，分别为 210.34 万公顷、135.39 万公顷、112.46 万公顷，3 个省区沙化土地面积合计 458.19 万公顷，占全国沙化土地总面积的 2.66%；其他 22 个省（区、市）沙化土地面积合计 581.76 万公顷，仅占全国沙化土地总面积的 3.38%。截至 2014 年，全国具有明显沙化趋势的土地面积 3002.93 万公顷，分布在内蒙古、新疆、青海等 12 个省（区、市），其中内蒙古具有明显沙化趋势的土地面积最大，达 1740.03 万公顷，占全国该类土地总面积的 57.94%；新疆、青海、甘肃该类土地面积分别为 470.78 万公顷、413.06 万公顷、177.55 万公顷，分别占全国该类土地总面积的 15.68%、13.76%、5.91%。

（二）矿产资源

矿产资源是一种非常重要的不可再生自然资源，是人类社会生存和发展不可或缺的物质基础。它不仅是人民生活的重要来源，也是一种极其重要的社会生产资料。据统计，我国 95% 以上的能源和 80% 以上的工业原料来自矿产资源。

中华人民共和国成立以来，矿产勘查工作取得了辉煌成就，为国家发现了大量矿产资源，基本满足了国民经济建设的需要。我国已成为世界上为数不多的资源丰富的国家之一，矿产资源总量丰富，矿产资源相对齐全。同时，我国在矿产开发利用方面也取得了显著成绩，现在已成为世界上最大的矿业国之一。全国年总矿产产量 50 亿吨，其中国有矿山开采 150 吨，年矿产产量约 20 亿吨（不含石油和天然气）；非国有小矿山开采 179 种矿物，年产量约 30 亿吨。原油产量为 1.67 亿吨。水泥、铸铁、磷酸盐、黄铁矿等 10 种矿产产量居世界第一，我国固体矿产开发总量居世界第二。经过多年的发展，总体上我国的矿产资源既有优势，也有劣势。其基本特点主要体现在以下几个方面：

1. 矿产资源总量丰富、品种齐全，但人均占有量少。

截至 2016 年年底，我国已发现了 171 种矿产，查明有资源储量的矿产 156 种，其中，能源矿产 10 种、金属矿产 54 种、非金属矿产 92 种、水气矿产 3 种。已发现矿床、矿点 20 多万处，其中查明资源储量的矿产地 1.8 万余处。煤、稀土、钨、锡、钽、钒、锑、菱镁矿、钛、萤石、重晶石、石墨、膨润土、滑石、芒硝、石膏等 20 多种矿产，在数量和质量上都具有明显的优势，有较强的国际竞争力。但是我国人均矿产资源拥有量少，仅为世界平均水平的 58%，列世界第 53 位。

2. 多数矿产资源质量差、国际竞争力弱。

与国外主要矿产资源国相比，我国矿产资源的质量很不理想。考虑矿石品位、矿石类型、矿石的选冶性能等综合因素，我国金矿、钾盐、石油、铅矿、锌矿的质量为中等；煤炭、铁矿、锰矿、铜矿、铝土矿、硫矿、磷矿的质量处于最差水平。总体而言，我国大宗矿产，特别是短缺矿产的质量较差，在国际市场中竞争力较弱，制约其开发利用。

3. 一些重要矿产资源短缺或探明储量不足。

我国铁矿、锰矿、铬铁矿、铜矿、铝土矿、钾盐等重要矿产短缺或探明储量不足，这些重要矿产的消费对国外资源的依赖程度比较大。

4. 成分复杂的共（伴）生矿多，大大增加了开发利用的技术难度。

据统计，我国有80多种矿产是共（伴）生矿，以有色金属最为普遍。例如，铅锌矿中共（伴）生组分达50多种，仅铅锌矿中的银就占全国银储量的60%，产量占70%；伴生疏达大型、特大型的铜矿床就有10余座，全国伴生金的76%和伴生银的32.5%均来自铜矿，等等。虽然共（伴）生矿的潜在价值较大，甚至超过主要组分的价值，但其开发利用的技术难度亦大，选冶复杂，成本高，因而竞争力低。

5. 中小型矿和坑采矿多，大型、超大型矿和露采矿少。

我国矿产资源总体上是矿产地多，但单个矿床规模大多偏小。拥有大型、超大型矿床的多为钨、铝、锑、铅、锌、镍、稀土、菱铁矿、石墨等矿产，一些重要支柱矿产如铁、铜、铝、金及石油天然气等以中小型矿为主，不利于规模开发，单个矿床难以形成较大的产量，影响资源开发的总体效益。我国至今尚未发现特大型的富铁矿（5亿吨级）和富铜矿（500万吨级），而国外探明金属量超过1000万吨的超大型铜矿60余座，其中有一半超过1000万吨。目前，我国已开采的329个铜矿年产量仅为33.4万吨。世界上有48个超大型金矿，产量超过200吨。我国只有7个金矿，产量超过60吨。露天矿很少。例如，露天煤矿只占储量的7%，而美国和澳大利亚分别占60%和70%。总产量、单价等难以与国外相比。在金属矿产生产方面，80%以上的铜和90%以上的镍需要在井里开采，而国内只有15%的黄铁矿可以开采，而且由于矿床规模小，露天开采无法形成大规模开采。这是我国矿产资源低效经济开发的一个重要原因。

6. 矿产资源地理分布不均衡，产区与加工消费区错位。

由于地质成矿条件不同，导致我国部分重要矿产分布特别集中。70%的磷矿查明资源储量集中于云、贵、川、鄂四省；铁矿主要集中在辽、冀、川、晋等省，其开发利用也受到一定程度的限制。北煤南调、西煤东运、西电东送和南磷北调的局面将长期存在。此外，近年来在西部边远地区发现了一批大型、特大型矿区，开发难度很大。基于矿产分布的不平衡态势，今后我国矿业发展战略重心西移已成必然之势。

7. 贫矿多，富矿、易选矿少，致使商品矿的生产成本大大增加。

我国支柱性矿产大多存在品位低的问题。我国铁矿平均品位仅33%，比世界铁矿平均品位低10%，而国外主要铁矿生产国，如澳大利亚、巴西、印度、俄罗斯等，其铁矿石不经选矿品位就可达62%的商品矿石品位标准。我国锰矿平均品位仅22%，不到世界锰商品矿石工业标准（48%）的一半，且多属难选的碳酸锰。我国铜矿平均品位仅0.87%，而智利、赞比亚分别为1.5%和2%。我国铝土矿几乎全是一水硬铝石，生产成本远高于美国、加拿大、澳大利亚等国的三水或一水软铝石。我国磷矿平均品位仅 17%，富矿储量仅占 6.6%，且胶磷矿多，选矿难度大。我国硫矿以硫铁矿为主，贫矿多、富矿少，一级品富矿储量仅占 4.3%，而国外大多以自然硫和回收油气副产硫为主。我国钾盐严重短缺，现在利用的盐湖钾镁盐，根本无法与国外固态氯化钾开发的成本效益相比。

（三）能源资源

明确中国能源的储备状况是研究中国能源可持续发展的基础，是认识中国能源结构特征的前提。当然，随着科学技术的不断发展和进步，国家能源储备将发生一些变化，但从全球和中国的实际情况来看，国家能源储备仍然相对稳定。我国的能源资源主要是煤炭、石油、天然气等不可再生资源。总体来说，这些资源仍然相对丰富，但人均并不丰富，特别是石油资源更为不足，供需紧张使其难以满足国家快速发展的需要。目前，煤炭、石油和天然气等单一用途能源主导着我们的能源结构。煤炭占已探明能源储量的 94%，石油占 5.4%，天然气占 0.6%，其特点是储量丰富。我们稀缺的石油和天然气资源决定了我们的能源生产方式，主要是煤炭，在很长一段时间内不会改变。我国能源利用的现状是一次能源占很大比例，替代能源很少。煤炭占我国一次能源消耗的 70% 左右，煤炭占燃料和工业能源的 75%，城市民用燃料的 85%，今后，煤炭将在国民经济中占有不可替代的地位。

1. 煤炭资源

我国煤炭资源丰富，但勘探程度低，煤炭储量不多。新增探明煤炭储量约 1 亿吨，其中 18.68 亿吨（18.7%）用于建设；44 口井的可用储量仅为 2270 万吨，可建设年产 8600 万吨的煤矿。我国适于露天开采的煤炭储量较少，仅占总储量的 7% 左右，其中 70% 是褐煤，主要分布在内蒙古、新疆和云南。

2015 年，我国煤炭探明 15663.1 亿吨，仅次于美国和俄罗斯。我国煤炭资源分布面广，除上海外，其他省（区、市）都有不同数量的煤炭资源。在全国 2100 多个县中，1200 多个有预测储量，已有煤矿进行开采的县就有 1100 多个。按省、市、自治区计算，山西、内蒙古、陕西、新疆、贵州和宁夏 6 省区最多，华北区的山西、内蒙古和西北的陕西分别占 25.7%、22.4% 和 16.2%。

我国煤炭资源储量分布规律是北多南少、西多东少。煤炭资源的区域分布与消费区域分布不一致。以太行山和秦岭为界，西部 8 省煤炭资源占全国总储量的 93.6%，西南、东部、中部和南部地区仅占 0.64%。相比之下，我国的工业生产布局和经济重心是东西向的。东部地区人口众多，工农业生产和铁路运营里程占全国的 80% 以上，决定了煤炭生产和消费的逆向分布格局，煤炭运输量大，南北距离长，东西向运输。此外，煤炭品种和质量因地区而异，分布不均。我国的四种主要炼焦煤种中，瘦煤、焦煤、肥煤有一半左右集中在山西省，而拥有大型钢铁企业的华东、中南和东北地区，炼焦煤都很少。

煤炭是我国的主要能源，在能源生产和消费中始终占 70% 以上，为经济发展做出了巨大贡献。受环境条件限制，我国煤炭产区主要位于北方地区，秦岭至淮河以北的煤炭产量占 75% 以上。目前，全国年产千万吨级以上的矿区有大同、平顶山、兖州、开滦、西山、阳泉、铁法、淮北、淮南、鹤岗、潞安、徐州、阜新、新汶、平朔、峰峰、双鸭山、晋城和鸡西 19 个矿区。其中，大同是我国最大的矿区，年产量超过 5000 万吨；平朔是我国最大的露天煤矿，生产能力 1500 万吨 / 年。年产量达到 5000 万吨以上的有山西、河南、山东、内蒙古、黑龙江、河北、贵州、四川、辽宁和陕西，其中山西是我国最大产煤省。

2. 石油资源

中国石油工业迅速发展，探明储量不断增多，发现的油田数不断增加。自中华人民共和国成立以来，我国先后进行了三次油气资源评价。目前，已取得的初步评价成果是石油 1068 亿吨，石油总资源量比 1994 年提高了 14%，石油可采资源量比 1994 年提高了 40%。但是与世界上主要石油生产国的储量相差较大。

油气资源评价显示，我国陆上石油资源为 822 亿吨，其中东部 419.7 亿吨，中西部 372.38 亿吨，南部 25 亿吨；海上石油资源 246 亿吨。剩余石油可采资源量为 150 亿吨；而待发现探明的石油可采资源为 68 亿吨，其中，东部 25 亿吨，西部 21 亿吨，中部 3.4 亿吨，海域 19 亿吨。我国陆上石油资源主要分布在松辽、渤海湾、塔里木、准噶尔和鄂尔多斯五大盆地。海上石油资源主要分布在渤海，为 9.2 亿吨，占海域的 48.7%。

从新增可采储量的变化趋势看，1991—1995 年，中国年均新增石油探明可采储量 1.23 亿吨；1996—2000 年，年均新增 1.58 亿吨；2001—2005 年，年均新增 1.86 亿吨。据有关资料统计，我国 29 个大油田合计储量 102 亿吨，占全国总储量的 62.32%，而数量仅占油田数的 7.49%，这说明我国具有为数众多的中小型油气田。我国低渗油层的资源量为 56.57 亿吨，占全国石油总资源量的 6.1%；稠油资源为 19.06 亿吨，占全国总资源量的 2.0%；低熟油资源为 44.62 亿吨，占全国石油总资源量的 4.8%。这三者总计资源量为 120.26 亿吨，占全国总资源量的 12.9%，在整个资源结构中占有一定的地位。但它们必须通过特殊的措施才能开采出来，因而不具很好的经济效益。

统计结果还表明，2006 年，全国石油勘查新增探明地质储量 9.49 亿吨，同比下降 1.6%；新增探明技术可采储量 1.95 亿吨，同比增长 10.8%。有六大盆地石油新增探明经济可采储量大于 1000 万吨，分别为渤海湾盆地、松辽盆地、鄂尔多斯盆地、塔里木盆地、准噶尔盆地、渤海海域盆地。

储量替代率是储量增加与储量枯竭的比例关系。2005 年，我国石油储备替代率低于 1；2006 年，技术上可采石油的最近累计探明储量为 1.95 亿吨，同年石油产量为 1.84 亿吨。自 1990 年以来，我们的石油储备与产量的比率一般为 14：15。2006 年，产油率为 11，降低了产油率。总的来说，我国需要加强石油资源的勘探，提高石油安全水平。随着时间的推移、勘探开发力度的深化、技术的进步、采收率的提高和认识的深化，我国最终可采储量将大幅增加。

3.天然气资源

当今我国油气工业的重大进展之一就是天然气上游工业取得了举世瞩目的成就，其主要体现在两个方面：一是天然气探明储量的快速增长；二是大气田的不断发现。从而促进了"西气东输"等天然气重大工程项目的实施，带动了我国天然气整体工业的发展。天然气探明储量不仅代表着一个地区或一个国家天然气已发现资源的丰富程度，同时也能反映天然气的勘探程度和发展趋势。截止到 2016 年年底，我国天然气累计探明储量 5.44 万亿立方米（不包括溶解气），可采储量 19904.08 亿立方米。我国天然气探明储量的发展具有以下特点：

（1）增长速度逐年增大

概括而言，我国天然气储量增长大致可分为两大阶段：1990 年以前为储量缓慢增长阶段，之后为储量快速增长阶段。即使在储量快速增长阶段，天然气储量增长速度也是逐渐增大的。例如，1991—1995 年五年期间新增天然气可采储量 4444 亿立方米，平均年递增 889 亿立方米；1996—2000 年五年期间新增可采储量 7898 亿立方米，平均年递增 1579 亿立方米；2001 年天然气新增可采储量达到 3500 亿立方米。勘探实践表明，天然气储量的快速增长有赖于大气田的发现，1990 年探明了我国第一个探明储量接近1000 亿立方米的大气田，之后陆续探明了鄂尔多斯盆地靖边气田、苏里格气田、塔里木盆地克拉 2 气田、莺琼盆地东方 1-1 气田等多个探明储量大于 1000 亿立方米的大气田，使我国天然气探明储量迅速增长。

（2）储采比高

2001 年，天然气剩余可采储量为 17.690 亿立方米，储量与产量之比为 5：6。根据法国国际天然气信息中心 1999 年的数据，55 个国家的储量与产量的统计关系主要集中在 10~30 个国家。美国的天然气储存率长期保持在 10 左右，即使在一些资源相对过剩的国家，也普遍低于 40。因此，我国天然气储量与产量的关系相对较高。这一方面反映了我国天然气储量和资源的可利用性，另一方面也反映了我国下游天然气工业发展的滞后性。

（3）煤成气比例逐渐增高

煤是天然气的主要类型之一。自 20 世纪 80 年代开始研究煤成气以来，形成了成熟的煤成气地质理论，不仅拓宽了天然气勘探领域，而且在天然气勘探中取得了明显的效果，证实了煤成气在天然气资源中的重要地位。碳酸气在我国探明储量中的比例逐年上升，在 20 世纪 80 年代仅占探明天然气储量的 10%。天然气的主要类型可以这样看；建立正确的地质理论可以使勘探工作发生重大变化。

（4）探明率低

尽管天然气探明储量增长速度较快，但是我国天然气资源的探明程度仍然较低，四川、鄂尔多斯、塔里木、柴达木、莺琼等主要含气盆地天然气探明率均不足10%，即使勘探程度较高的四川盆地天然气探明率也仅为9.5%。全国天然气探明率仅为6.4%，比世界主要产油气国家天然气探明率低得多。

（5）天然气储量资源分布特征

全国天然气探明储量的80%以上分布在鄂尔多斯、四川、塔里木、柴达木和莺琼五大盆地，其中前三个盆地天然气探明储量超过了5000亿立方米。在上述五大盆地中，天然气勘探取得了较大进展并已形成一定储量规模的地区主要有鄂尔多斯盆地上古生界、塔里木盆地库车地区、四川盆地川东地区、柴达木盆地三湖地区和莺歌海盆地，这五大气区基本代表了我国天然气勘探的基本面貌。

4. 淡水资源

淡水储量是指地表和地下储存的可用水量，即所谓的可再生水资源。据有关部门介绍，中国水资源总量2.8万亿立方米，其中河流径流量2.7万亿立方米，居世界第六位。8200亿立方米的地下水约占水资源的30%。我国水资源总量不大，但由于人口多、面积大，人均占有量很小，仅2600立方米，是世界平均水平的1/4；每亩耕地年均径流量约1800立方米，是世界平均水平的2/3。

我国水资源分布存在的问题主要有以下几种：第一，水资源分布不均，南多北少，长江及其以南地区约占水资源总量的4/5，北方广大地区仅占水资源总量的1/5。第二，中国降水受季风影响，冬季偏少，夏季偏多。夏季降水量占年降水量的60%～80%。此外，降水季节性强，水量年际变化大。随着国民经济的快速发展和人民生活水平的提高，淡水资源日益短缺，特别是在北方地区，水资源短缺问题日益严重，必将影响国民经济的发展。

5. 海洋资源

地球总面积的71%是一个面积超过3.6亿平方公里的浩瀚海洋，蕴藏着丰富的资源，是人类食物、药品和日用品的重要来源。随着人类文明的不断发展和科学技术的不断创新、陆地环境的不断恶化和陆地资源的日益短缺，人们的研究和开发重心已经从陆地转移到海洋，海洋是人类可持续发展的宝贵资产。它巨大的发展潜力是解决人口快速增长、环境退化和能源短缺等问题的希望。

我国是一个海洋大国，有1.8万多公里的海岸线和1.4万多公里的岛屿海岸线。大陆海岸辽阔，有470多万平方公里的海洋。我国海洋自然条件优越，海洋资源丰富，鱼类5000余种，虾、蟹、甲壳动物、藻类1000余种，生物记录1万余种。我国海洋资源不仅生物资源丰富，而且矿产资源、能源资源和海洋资源也十分丰富。近海石油储量可达50亿~150亿吨，其他海洋能源的总蕴藏量约有9亿千瓦，沿岸砂矿中含有锆英石等多种价值极高的原料，海水中还含有盐、溴、钾、钠、镁等多种化学资源。海洋生物资源是可再生资源，其种类繁多，蕴含着地球上80%以上的生物资源，与陆地生物相比，海洋生物往往具有独特的化学结构及多种生理活性物质。我国是东亚地区重要的海洋石油国，近海石油储量可达50亿~150亿吨，在渤海、南黄海、东海、北部湾等六个大型油气盆都打出了高产井。我国滨海砂矿中含有多种原料，例如，辽东半岛、山东荣成、海南、台湾西南海岸沿岸砂矿中都含有核潜艇和核反应堆用的可耐高温、抗腐蚀的锆英石；辽东半岛、海南沿岸、台湾西南海岸沿岸砂矿中还含有独居石和钛铁矿，独居石中含有锆和铌，钽可用于反应堆及微电路，铌是飞机、火箭外壳的原料；辽东半岛沿岸砂矿中还含有金等多种原料。

我国海洋资源开发起步较晚，开发能力相对较低。目前，我国海洋生产总值仅占国内生产总值的2%左右，不到发达国家的5%。海洋矿产资源开发和能源开发还处于起步阶段，很难从根本上缓解我国目前的资源短缺问题。

6.气候资源

气候资源是指能够开发利用空气中的光、热、水、风、氧、氨和负离子的气候条件，使人类能够在大气组成中形成使用价值。它是自然资源的重要组成部分，属于可再生资源范畴，是人类生存和发展的基本条件。它是一种可再生和清洁的资源，但它的价值只体现在它的使用上。气候资源也无处不在，但在地理分布、丰富程度和结构上差异很大，具有高度的季节性和年际性。

我国陆地每年接受太阳辐射能相当于2.4万亿吨标准煤，但由于地理纬度、海拔高度、地形和天气状况的影响，太阳能资源分布差异较大。丰富区主要集中在西藏、青海、新疆、甘肃、宁夏和内蒙古等西部地区，尤其是青藏高原地区，平均海拔高度在4000米以上，全年气候干旱，云量稀少，大气透明度好，其总辐射量（5850兆瓦平方米以上）和日照时数（3000小时以上）均为全国最高，属世界太阳能资源丰富地区之一。从20世纪70年代至今，我国在太阳能利用方面有很大发展，但仍处于试验阶段。目前我国使用最多的为太阳能热水器，2000年年底覆盖面积2600万平方米以上；甘肃、西藏、青海等地推广应用了20多万台太阳灶；1999年西藏7个无电县城安装了光伏系统，解决了机关和居民照明、通信等用电问题；另外还有太阳能干燥器、被动太阳房、太阳能航标灯等。

我国的年降水量分布由东南向西北由内递减。年降雨量以台湾、海南、广东中部和北部湾为最大，均在2000毫米以上；年降水量最小的地区是柴达木盆地和塔里木盆地，降水量小于50毫米。除地理分布不均匀外，降水量在时间上表现出明显的季节性。丰水地区雨季4~5个月的降水量约占全年降水量的60%~70%，有些地区甚至达到80%。西北干旱区严重的水资源短缺不仅会制约经济发展，而且会加速地方荒漠化进程，严重影响国家生态环境。即使在水资源丰富的西南地区，也普遍存在缺水问题。

天空水资源是人类可利用水资源的另一部分。人工降水是人们积极利用天水资源的重要途径。50 多年来，它已经成为一种相对成熟的技术。它被认为是减轻干旱的有效方法之一，在农业生产中发挥着重要作用。

我国的风能资源总储量为每年 16 亿千瓦，特别是在东南沿海和邻近岛屿、内蒙古、甘肃以及东北、西北、华北和青藏高原部分地区。在一些地区，年风速超过 3 米 / 秒，持续近 4000 小时。年平均风速可达每秒 6~7 米。经过 20 年的努力，我国风力发电装机容量仅 36 万千瓦，与世界发达工业国家甚至一些发展中国家相比，我国风力发电与其巨大的发展潜力之间存在着巨大的差距。

二、中国能源生产和消费情况

我国是目前世界上第二大能源生产国和消费国。能源供应的持续增长为经济和社会发展提供了重要支撑：能源消费也在快速增长，为全球能源市场的发展创造了广阔的空间，我国已成为全球能源市场的组成部分，在维护全球能源安全方面发挥着越来越重要和积极的作用。然而，我们对全球能源消费的依赖仍然很小，能源自给自足率为 94%，对外依存度为 6%，比经合组织国家比率（70%）高出 20 个百分点以上。

（一）能源生产和消费

我国能源资源的结构决定了我国能源生产和能源消费的结构。经过几十年的努力，我国已初步形成了以煤炭为主体、以电力为中心、石油天然气和可再生能源全面发展的能源供应格局，基本建立了较为完善的能源供应体系，建成了一批千万吨级的特大型煤矿。2006 年一次能源生产总量 22.1 亿吨标准煤，列世界第二位，其中，原煤产量 237 亿吨，列世界第一位。新中国成立后，我国先后建成了大庆、胜利、辽河、塔里木等若干个大型石油生产基地，2006 年原油产量 1.85 亿吨，实现稳步增长，列世界第五位。天然气产量迅速提高，从 1980 年的 143 亿立方米提高到 2006 年的 586 亿立方米。2006 年我国能源生产结构中煤炭、石油和天然气合计占我国全部一次能源产量（221056 万吨标准煤）的 92.1%，其余水电、核电、风电合计占 7.9%。1980—2006 年，我国的能源矿产煤炭、石油、天然气在一次能源生产总量中所占比重呈下降趋势，其中，煤炭在一次能源生产总量中所占比重从 69.4% 上升到 76.7%，石油和天然气所占比重从 26.8% 下降到 15.4%。商品化可再生能源在一次能源结构中所占的比例逐步提高。电力资源发展迅速，装机容量和发电量分别达到 6.22 亿千瓦和 2.87 万亿千瓦时，均列世界第二位。能源综合运输体系发展较快，运输能力显著增强，建设了西煤东运铁路专线及港口码头，形成了北油南运管网，建成了西气东输大干线，实现了西电东送和区域电网互联。

我国能源市场环境逐步改善，能源产业改革不断推进。电力企业改制取得进展，现代企业制度基本建立；投资主体多元化，能源投资快速增长，市场规模不断扩大；煤炭生产和分配已基本商品化；建立了监管机构；油气产业基本实现了内外一体化、上下一体化；深化能源价格改革不断完善价格机制。

优化消费结构。我国是世界第二大能源消费国。2006年一次能源消耗总量为24.6亿吨标准煤。煤炭从1980年的72.2%增加到2006年的69.4%，其他能源从27.8%增加到30.6%，可再生能源和核能从4.0%增加到7.2%，石油和天然气正在增加。最终能源消费结构优化趋势明显，煤电转化率从20.7%提高到49.6%。商业和清洁能源在居民日常能源消费中的比重显著增加。

（二）能源消费特点

我国能源消费一直以煤为主，煤炭的使用效率远低于石油和天然气，容易造成环境污染问题。根据BP世界能源统计，2006年，石油占全球能源消费结构的35.8%，天然气占23.7%、煤炭占28.4%、核能占5.8%、水电占6.3%。

中国天然气消费仅占能源消费总量的6.2%，而世界平均水平为24.1%。俄罗斯是一个天然气生产大国，也是唯一一个消耗50%以上天然气的国家。虽然美国是世界上最大的天然气消费国，但它的消费量只占总能源消费量的13%，略高于世界平均水平。我国天然气消费量低的主要原因是国内天然气资源相对短缺。

中国不仅是世界煤炭消费的冠军，而且其煤炭消费指数比世界平均水平高33.7点，比印度高4.8点。而发达国家的煤炭消费量低于世界平均水平。

法国在使用核能方面排名第一，核能消耗占该国总能源消耗的38.7%，而世界平均水平仅为4.5%。虽然美国是世界上最大的核能消费国，但它只占其总能源消耗的8.4%，中国消耗的核能是印度的5.6倍，但仅占其总能源消耗的1.6%，远远低于世界平均水平。中国的水电消费比例（11.4%）接近世界平均水平（10%）。加拿大是仅次于中国和美国的世界上最大的水电消费国，也是世界上能源消费指数最高的国家。

1980—2006年，中国的能源消费每年平均支持9.8%和5.6%的国民经济增长。按2005不变价格计算，单位GDP能耗由1980年的3.39吨标准煤下降到2006年的1.21吨标准煤，年平均节能率为3.9%，扭转了近年来单位GDP能耗的上升趋势。能源加工、储运和终端利用的综合效率为33%，比1980年提高8个百分点。单位产品能耗明显下降，其中钢铁、水泥、大型合成氨等产品的综合能耗和供电煤耗不断降低，与国际先进水平差距不断扩大。

虽然我国的能源消费正在迅速增长，2006年占世界能源消费的15%以上，但我国人均能源消费远低于日本、美国和其他发达国家。这主要是因为我国的能源消费主要集中在沿海地区或较发达地区，分布相对不均，人均国内生产总值的能源消费数据实际上反映了目前的情况。日本、德国、美国等发达国家人均GDP能耗不高，这不仅是因为这些国家能源利用效率高，而且是因为近年来第三产业发展迅速，特别是重工业发展缓慢。菲律宾、印度尼西亚和埃及的人均国内生产总值水平相对接近我们，在能源消耗方面低于我们。

随着我国经济的较快发展和工业化、城镇化进程的加快，能源需求不断增长，构建稳定、经济、清洁、安全的能源供应体系面临着重大挑战，突出表现在以下几个方面：

第一，它强调了资源限制和效率低下。优质能源的相对短缺制约了我国能源供应能力的提高；能源分配不均也增加了可持续和稳定供应的挑战；经济增长方式粗放，能源结构不合理，能源技术水平低，管理水平相对落后。因此，单位GDP能耗和一次能源消费品能耗均高于主要能源消费国的平均水平，加剧了能源供需矛盾，仅靠增加能源供应难以满足消费需求的持续增长。

第二，能源消费以煤为主，环境压力加大。煤炭是我国的主要能源，长期以来难以改变以煤炭为主的能源结构，煤炭生产和消费方式相对落后，加大了环境保护的压力。煤炭消费是大气烟尘的主要来源，也是温室气体排放的主要来源。随着我国机动车数量的迅速增加，一些城市的空气污染已成为机动车排放的烟尘和废气的混合体。如果这种情况继续下去，对环境的压力将增加。中国目前是世界第二大碳排放国，但人均碳排放量低于美国、日本和欧洲，其温室气体排放量不超过《京都议定书》规定的限值。然而，随着国际社会下一轮的限制，中国将面临越来越大的减排压力。

第三，市场体系不健全，应急能力有待加强。我国能源市场体系有待完善，能源价格机制不能完全反映资源短缺、供需矛盾和环境成本，需进一步规范能源勘探开发秩序，完善能源监管体系。煤矿安全生产存在着突出问题，电网结构不够合理，石油储备能力不足。为了有效应对停电和重大突发事件，需要完善和加强预警和应急系统。

第四，党的十七大报告中提出，到2020年实现人均国内生产总值比2000年翻两番。从2007年的数据来看，情况并不好。只有大约三分之一的地区实现了4%的节能目标，大多数地区仍然面临着更大的减排压力。就北京和天津而言，它们能够或几乎能够实现其目标的原因是结构调整。北京市第三产业比重已达到70%，是发达国家公认的第三产业占地区GDP比重的标准。天津市第三产业比重也达到50%。根据发达国家的发展经验，人均国内生产总值超过1000美元后，第三产业将进入快速发展时期。中国人均国内生产总值超过1300美元，沿海发达城市的国内生产总值很高。因此，这些城市和地区的结构调整是发展的必然规律。然而，北京的经验很难复制，因为其他省份很难达到目前占北京国内生产总值70%的第三产业水平。此外，由于我国大多数新兴产业属于第二产业，即工业，因此降低能源消耗仍然相当困难。

三、发展循环经济的意义

国际经验表明，从低收入国家向中等收入国家的过渡是任何国家发展的一个极其重要的历史阶段，特别是随着经济的快速增长和人口的不断增加，水、地、能、矿等资源的不足日益突出，生态建设和环境保护的形势日益严峻，大力发展循环经济、加快建设资源节约型社会显得尤为重要和迫切，符合科学发展观的要求。

（一）发展循环经济是缓解资源约束矛盾的根本出路

我国资源禀赋较差，总量虽然较大，但人均占有量少。目前我国人均淡水资源量仅为世界人均占有量的 1/4，有 16 个省（自治区、直辖市）人均水资源拥有量低于联合国确定的 1700 立方米用水紧张线，其中有 10 个省（自治区、直辖市）低于 500 立方米严重缺水线。人均耕地面积只有 1.43 亩，不到世界平均水平的 40%。其中，北京、天津、上海、浙江、福建、广东等省市的人均耕地面积低于联合国规定人均耕地面积 0.8 亩的警戒线。人均占有森林面积 0.132 公顷，相当于世界平均水平（0.6 公顷）的 22%；人均占有森林蓄积 9.42 立方米，相当于世界平均水平（64.63 立方米）的 14.58%。45 种主要矿产资源人均占有量不到世界平均水平的一半，石油、天然气、铁矿石、铜和铝土矿等重要矿产资源人均储量分别为世界平均水平的 11%、4.5%、42%、18% 和 7.3%。国内资源供给不足，重要资源对外依存度不断上升。约 50% 的铁矿石、60% 的铜资源、50% 的原油依赖进口。

与此同时，一些主要矿产资源的开采难度越来越大，开采成本增加，供给形势相当严峻。

改革开放以来，我国用能源消费翻一番支撑了 GDP 翻两番。到 2020 年，考虑到国内生产总值翻了一番，很难保证能源供应。未来，对钢铁、有色金属、石油石化、水泥等高耗能产品的需求将继续增长，大量汽车和家用电器将进入家庭。因此，资源消耗将继续增加。在能源方面，初步测算表明，在大力节能和优化经济结构的前提下，到 2020 年，一次能源总消费将达到 30 亿吨标准煤，其中煤炭 22.2 亿吨、石油 4.5 亿吨、2000 亿立方米的天然气。仅从满足国内煤炭需求的角度来看，存在四大障碍：精煤储量不足、产能不足和环境容量不足。要实现 22.2 亿吨煤炭的生产，需要 1.25 亿吨以上的精煤储备，而目前尚未使用的精煤储备为 6 000 万吨；需要增加 10 亿吨煤炭生产能力。美国有 1000 个大型煤矿，接近目前的煤炭产量；根据我国现有煤炭资源的配置情况，新建大秦线 7 条煤炭运输通道及相应的港口。虽然我们可以利用外国资源来弥补国内资源的短缺，但我们也必须认识到，进口大量外国资源存在一些不可避免的风险。世界资源的限制决定了进口需求不能无限期地得到满足。大规模进口存在市场和价格风险、运输能力限制和进口安全。保持经济持续快速增长，必然要求增加资源消耗。然而，如果我们继续传统的发展模式，工业化和现代化与巨大的资源消耗，这将是不可持续的。近年来，煤炭、电力、石油等输送的直流电压得到了广泛的证明，并引起了人们的高度重视。为了减轻经济增长对资源供给的压力，必须大力发展循环经济，促进资源的有效利用和循环利用。研究表明，如果采取措施提高节能水平，大幅度提高能源利用效率，到 2020 年，每万元 GDP 的能源消耗将从 2002 年的 2.68 吨标准煤下降到 2020 年的 1.54 吨标准煤，总能源消耗将控制在 300 万吨标准煤，否则将消耗 400 多万吨标准煤。据估计，到 2020 年，如果我国二次铝的比例从目前的 21% 提高到 60%，它将取代 3640 万吨铝矿石的需求，节省 1365 亿千瓦时的电力。显然，发展循环经济是缓解资源约束矛盾、实现可持续发展的必然选择。

（二）发展循环经济是从根本上减轻环境污染的有效途径

当前，我国生态环境稳中向好的基础还不稳固，由量变向质变的拐点还未出现。第一，水环境恶化。2016 年，我国排放了 7110 万吨废水，其中 1046 万吨为化学需氧排放量。大量未经处理或低质量的废水直接排入河流和湖泊。饮用水安全受到威胁，生态用水短缺。第二，大气环境不容乐观。2016 年，烟尘总排放量 1010 万吨，二氧化硫排放量 1103 万吨，居世界首位，远远超过环境容量。第三，固体废物污染日益严重。全国共排放工业固体废物 1910 万吨，其中危险废物 3000 吨未经处理进入生态系统，危害人民健康。第四，城市垃圾无害化处理率低，二次污染严重。2002 年，全国 660 个市镇的生活垃圾产量下降了 1.36 亿吨，集中处理率为 54%，未经处理的垃圾为 6200 万吨。监测结果表明，无公害废物的处理率在 20% 以下。鉴于畜禽粪便、水产养殖污染及农药和化肥的不合理使用，给农村环境带来了日益严重的问题，对农产品的质量和安全构成了直接威胁；生态环境恶化、草地退化、水土流失、森林生态系统质量恶化和生物多样性急剧下降，严重影响生态安全。目前，我国环境问题的主要解决途径是"姑息治疗"治理。这种治理在从根本上缓解环境压力方面存在困难。一方面，由于投资大、成本高、工期长、经济效益低，企业缺乏动力，无法持续发展。另一方面，未完成的处理往往只是将污染物从一种形式简单地转化为另一种形式，如废水处理、污泥处理和固体废物处理，不能从根本上消除污染。

事实表明，水、空气和固体废物造成的大规模污染与资源利用水平密切相关，与广泛的经济增长方式有着内在的联系。据估计，如果我们的能源使用达到世界先进水平，二氧化硫排放量每年可减少 450 万吨；固体废物综合利用增加一个百分点，每年可减少约 1000 万吨的废物排放量；粉煤灰综合利用增加 20%，可减少近 4000 万吨的排放量。这将大大提高环境质量。大力发展循环经济和实施清洁生产，可以最大限度地减少对自然资源的需求以及经济和社会活动对生态的影响，以最低的资源消耗和环境成本实现可持续的经济增长。解决经济发展与环境保护的矛盾，走生产发展、生活富裕、生态良好的文明发展道路。

（三）发展循环经济是提高经济效益的重要措施

通过大力调整经济结构，加快企业技术改造和加强管理，我国资源利用效率有了较大提高。但从总体上看，我国资源利用效率与国际先进水平相比仍然较低，成为企业成本高、经济效益差的一个重要原因。目前，我国的资源利用效率情况可以概括为"四低"：

1. 资源产出率低

按现行汇率计算，2015 年我国 GDP 约占世界的 14.48%，但重要资源消费占世界总消费的比重却很高，石油为 7.4%、原煤为 31%、钢铁为 27%、氧化铝为 25%、水泥为 40%。我国用水总量与美国相当，但 GDP 仅为美国的 1/8，消耗每吨标准煤实现的 GDP 为世界平均水平的 30%。即使剔除一些不可比因素，我国资源利用率与世界先进水平相比也有较大差距。

2. 资源利用效率低

燃煤工业锅炉平均运行效率 65% 左右，比国际先进水平低 15~20 个百分点；中小电动机平均效率 87%，风机、水泵平均设计效率 75%，均比国际先进水平低 5 个百分点，系统运行效率低近 20 个百分点；机动车燃油经济性水平比欧洲低 25%，比日本低 20%，比美国整体水平低 10%；载货汽车百吨公里油耗 7.6 升，比国外先进水平高 1 倍以上；内河运输船舶油耗比国外先进水平高 10%~20%；电力、钢铁、有色、石化、建材、化工、轻工、纺织 8 个行业主要产品单位能耗平均比国际先进水平高 40%，如火电供电煤耗高 22.5%，大中型钢铁企业吨钢可比能耗高 21.4%，铜冶炼综合能耗高 65%，水泥综合能耗高 45.3%，大型合成氨综合能耗高 31.2%，纸和纸板综合能耗高 120%；单位建筑面积采暖能耗相当于气候条件相近发达国家的 2~3 倍。

3. 资源综合利用水平低

目前，我国矿产资源总回收率为 30%，比国外先进水平低 20 个百分点；共伴生矿产资源综合利用率不足 20%；煤系共生、伴生 20 多种矿产，绝大多数未利用，一些超大型复杂多金属矿床的尾矿利用率仅为 10%。我国木材综合利用率约 60%，而发达国家一般都在 80% 以上。与此同时，"二废"综合利用潜力很大。2016 年，我国工业固体废弃物综合利用率为 60.2%，累计堆存量已达几十亿吨，占用了大量土地。

4. 再生资源回收利用率低

2016 年，中国钢铁工业年废钢利润超过 9075 万吨，占粗钢产量的 11.23%，而世界平均水平为 34.36%；二次铜产量 285 万吨，占世界铜产量的 22%，平均为 37%；575 万吨二次铝，占铝产量的 18%，世界平均水平为 30%；翻新轮胎只占新轮胎产量的 4%，而发达国家为 10%，汽车轮胎基本上没有翻新，而欧盟的翻新率为 18.8%。此外，我国每年仍有大量的废旧家电、电子产品、有色金属、纸张、塑料、玻璃等废弃物，未能实现资源的有效利用和循环利用。

实践证明，资源利用率低已成为企业降低生产成本、提高经济效益和竞争力的主要障碍。大力发展循环经济、提高资源利用效率、增强国际竞争力，已成为我们面临的重要问题、紧迫的任务。

（四）发展循环经济是应对新贸易保护主义的迫切需要

在经济全球化的进程中，关税壁垒的作用逐渐减弱，包括"绿色壁垒"在内的非关税壁垒也越来越重要。近年来，一些发达国家为了保护自己的利益，在资源、环境等方面制定了许多容易达到的技术标准，在产品的研发、生产、运输、使用、回收等环节都必须满足环境要求。比如，欧盟就明确要求包装物的 95% 必须是能够回收利用的物质。2003 年 2 月，欧盟又颁布了《废弃电子电器设备指令》和《电子电器设备中限制使用某些有害物质指令》，规定从 2005 年 8 月 13 日起，生产者负责回收处理废旧电子电器设备；自 2006 年 7 月 1 日以来，在欧盟销售的 100 多台电气和电子设备中，铅、汞和氟等六种有害物质的使用受到限制。随着国际社会对生态环境和气候变化的日益关注，以节能为主要目标的能效标准和标签已成为新的非关税壁垒。

这些非关税壁垒对我国对外贸易的发展，特别是对我国出口的扩大产生了越来越严重的影响。今天，我国已成为"绿色壁垒"和其他非关税壁垒的最大受害者之一。例如，两个欧盟指令的范围不仅包括我们的电子和电气设备产品，而且还包括零部件和原材料行业，基本上涵盖了我们出口到欧盟的所有机电产品。面对日益严峻的非关税壁垒，我们必须高度重视并积极应对，特别是全面推进清洁生产，大力发展循环经济，使我们的产品在资源和环境保护方面逐步达到国际标准。

（五）发展循环经济是以人为本、实现可持续发展的本质要求

许多事实表明，传统的高消费增长方式过分依赖自然资源的开发，导致生态恶化和自然灾害的加剧，对人类健康造成巨大危害。据有关部门估计，由于空气污染的影响，我国约有 1 亿人不能每天呼吸新鲜空气。空气污染每年导致大约 1500 万人患支气管炎，水污染威胁到饮用水安全，使生活条件恶化。固体废物的积累不仅会产生大量的寄生虫，而且废物产生的渗滤液也会污染地表水和地下水。这些疾病已成为某些地区难治性疾病和职业病的重要病因，对公众健康构成严重威胁。

人是最宝贵的资源。实现加快发展，根本出发点和根本目标是坚持以人为本，不断提高人民生活水平和质量。这就要求我们在发展中既要追求经济效益，又要追求生态效益；在促进经济增长的同时改善人民生活条件，要真正做到这一点，就必须发展循环经济，搞好资源节约与环境保护的结合，加强生态建设和环境保护，把高新技术、低资源消耗、低污染、通风换气的人力资源纳入新型工业化道路，才能充分发挥以最低的资源消耗和环境成本实现可持续的经济和社会增长。

总之，发展循环经济有利于形成节约资源、保护环境、提高经济增长质量和效率、建设资源节约型社会、促进人与自然和谐共处的生产和消费模式。全面、协调、可持续发展，是关系中华民族长远发展的重大基础工程，必须从战略高度认识发展循环经济的重要性和紧迫性，进一步增强责任感。

从总体上看，我国在发展循环经济方面已具有一定的基础。改革开放以来，我国颁布了《节约能源法》《清洁生产促进法》等法律法规，制定了一系列促进企业节能、节材、节水和资源综合利用的政策、标准和管理制度。特别是自中央提出加快两个根本转变和实施可持续发展战略以来，我国在推进资源节约与综合利用、清洁生产、探索循环经济发展模式等方面取得了显著成效，奠定了坚实的基础。但我们也要看到，我国循环经济的发展与发达国家相比还有很大差距。同时，促进循环经济发展也存在着现实困难和障碍。例如，发展循环经济的重要性和紧迫性尚未得到各方的充分认识；国家尚未制定指导循环经济发展的总体规划和推进方案，资源利用指标和核算体系不健全；法律法规体系有待完善，特别是可再生资源回收利用的法律法规建设仍然是一个薄弱环节；没有建立有效的激励政策、循环处理制度和合理的成本机制。我国循环经济技术的发展和应用还不充分，没有一个适合我国国情的循环经济技术支撑体系。所有这些都要求我们认真研究和处理整治措施。

四、发展循环经济的目标与重点

我国在促进资源节约和综合利用及促进清洁生产方面取得了积极成果。然而，传统的高消耗、高排放、低效率的粗放型增长方式并没有根本改变，资源利用率仍然很低，环境污染日益严重。同时，还存在政策法规不健全、体制机制不健全、相关技术开发滞后等问题。目前，我国正处于工业化和城市化加速发展阶段，面临着严峻的资源环境形势。要抓住这一重要战略机遇期，必须大力发展循环经济，按照"减量化、资源化"的原则采取多种有效措施，实现经济效益最大化和废物排放最小化，实现经济效益、环境效益和社会效益的统一，建设资源节约型、环境友好型社会。

（一）主要发展目标

初步形成了绿色、循环、低碳的产业体系。循环生产模式的全面实施，实现了企业循环生产、园区循环发展和产业循环的结合，大大降低了单位生产的物质消耗和废物排放，大大提高了循环发展在污染防治中的作用。城市典型垃圾资源化利用水平明显提高。基本上建立了生产系统与生活系统相结合的共生系统。生活垃圾分类与再生资源回收有效衔接。绿色基础设施和绿色建筑水平显著提高。

基本建立了新的战略资源保障体系。树立资源循环经济新理念，全面实现资源集约利用。资源循环利用制度体系基本形成，资源循环利用产业成为资源安全和发展的重要保障之一。

绿色生活方式的基本训练。生态消费的概念在全社会已经初步确立。生态产品的比例显著提高，资源保护、废物分类、生态旅游等行为已成为普遍做法。

到 2020 年，主要资源产出率比 2015 年提高 15%，主要废弃物循环利用率达到 54.6% 左右，一般工业固体废物综合利用率达到 73%，农作物秸秆综合利用率达到 85%，资源循环利用产业产值达到 3 万亿元。75% 的国家级园区和 50% 的省级园区开展循环化改造。

（二）发展重点

大力推进节能降耗，节约生产、建设、流通和消费资源，减少自然资源消耗；全面实施清洁生产，从源头减少废物产生，实现从废物管理向污染防治和生产过程控制的转变；大力开展资源综合利用，最大限度地回收废物和可再生资源；大力发展环境产业，重点发展减排、再利用、循环利用技术和设备，为资源高效利用、循环利用、减少浪费提供技术支持。开发过程中的重点领域如下：

第一，在资源开采过程中，要统筹规划矿产资源的开发利用，推广先进适用的开采技术、工艺和设备，提高开采、加工、冶炼的回收率，大力推进继电器和贫矿的综合利用，大力提高资源的综合回收率。

第二，在资源消耗方面，加强对能源、原材料、水资源等重点行业的消耗管理，如冶金、有色金属、电力、煤炭、石化、化工、建材（建筑）、轻工、纺织、农业等重点行业，努力降低消耗，提高资源利用率。

第三，垃圾产生环节要加强全过程污染防治，促进产业链在不同行业的合理延伸，加强各类垃圾的回收利用，促进垃圾企业"零排放"；加快循环水和城市垃圾处理设施建设，减少污泥和资源的利用，减少垃圾的最终处置。

第四，在再生资源的产生方面，要大力回收利用各种废弃物资源，支持废旧机电产品的再制造，建立废弃物收集分类体系，不断完善再生资源回收体系。

第五，在消费方面，大力推广有利于资源节约和环境保护的消费方式，鼓励使用能效标识产品、节能节水认证产品、环保标识产品和有机标识食品，减少包装过剩和一次性使用。政府机构应实施绿色采购。

第三节　发展循环经济的途径

一、资源综合利用认定

《中共中央关于制定国民经济和社会发展第十一个五年规划的建议》明确提出，要把节约资源作为基本国策，发展循环经济，保护生态环境，加快建设资源节约型、环境友好型社会。开展资源综合利用是实施节约资源基本国策、转变经济增长方式、发展循环经济、建设资源节约型和环境友好型社会的重要途径和紧迫任务。

（一）中国资源综合利用的现状

"九五"以来，在国家政策的引导和扶持下，我国资源综合利用规模不断扩大、利用领域逐步拓宽、技术水平日益提高，产业化进程不断加快，取得了显著的经济效益、环境效益和社会效益，对缓解资源约束和环境压力、促进经济社会可持续发展发挥了重要作用。

1. 资源综合利用规模不断扩大

2015 年，我国共生、伴生矿产资源实现综合开发的约占 45%；黑色金属共生、伴生的 30 多种矿产中，有 20 多种得到了综合利用；有色金属共生、伴生矿产中，70% 以上的成分得到了综合利用；煤矿矿井瓦斯抽放利用率为 33%。2015 年，固体废物综合利用量为 31.26 亿吨，利用率达到 72%，与"十一五"末相比增加了 93.2 个百分点。其中，粉煤灰、煤矸石综合利用率分别达到 65%、60%，分别增加 7 个和 17 个百分点。2005 年，利用固体废弃物生产的新型墙体材料产量占我国墙体材料总量的 40%，比"九五"末提高了 11 个百分点。全国已形成遍布城乡的废旧物资回收网络及区域性废金属、废塑料、废纸等集散市场，我国钢、有色金属、纸浆等产品近 1/3 的原料来自再生资源，已成为资源供给的重要渠道之一。2005 年，我国回收利用废钢铁 6909 万吨、废纸 3500 多万吨、废塑料 1096 万吨，均比"九五"末增加一倍以上。50% 以上的钒、22% 以上的黄金、50% 以上的钯、锑、镓、铟、锗等稀有金属来自综合利用。利用林木"三剩物"生产人造板材已产业化，垃圾焚烧、填埋气利用和垃圾堆肥等也已开展起来。2005 年，利用禽畜粪便生产的沼气达 80 多亿立方米。

2. 资源综合利用技术水平日益提高

我国资源综合利用技术装备水平不断提高，产业化进程不断加快。新型高效预处理技术和浮选药剂的应用，促进了含金银多金属矿的综合回收；炉渣回收和磁选深加工技术的应用，使转炉钢渣、电炉炉渣等得到了广泛的综合利用；利用废建材设备制造基本实现国产化，全煤矸石生产烧结砖技术装备已达到国际先进水平；粉煤灰综合利用向大掺量、高附加值方向发展；燃用煤矸石、煤泥等低热值燃料发电的循环流化床锅炉容量最大已达 450 吨／小时，不仅提高了废物利用效率和发电效率，也有效地降低了污染物排放；利用废动植物油生产生物柴油技术实现了产业化；废旧金属利用方法研究取得了新的突破，从以传统的回炉冶炼为主转变为制成各种产品，直接利用的比重明显提高。

3. 资源综合利用取得了显著的经济、环境和社会效益

资源综合利用已成为许多企业进行结构调整、提高经济效益、改善环境、创造就业机会的重要途径，成为新的经济增长点。我国涌现出一大批综合利用企业总产值和利润一半以上的先进企业，实现了经济发展和环境保护的双赢。

2005 年，20% 的水泥原料和 40% 的墙体材料来自工业固体废物。总共使用了 5 亿多吨固体废物，土地利用减少了 15 万英亩。

4. 激励和扶持政策日趋完善

国家先后出台了一系列鼓励资源综合利用的政策，特别是减税优惠政策，极大地调动了企业实现资源综合利用的积极性。为落实国家资源综合利用优惠政策，指导和规范企业资源综合利用，加强税收管理，有关部门对资源综合利用进行了管理，并结合技术进一步修订了《资源综合利用目录》。国家在税收、运营等方面的优惠政策为资源的综合利用提供了真正的指导和激励。为防止破坏农田和烧砖，国家设立墙体材料专项基金，促进固体废物生产新型墙体材料。快速发展对资源综合利用产品市场提出了更高的要求。

5. 存在的主要问题

我国面临着前所未有的发展机遇和严峻的挑战。最突出的挑战是资源和环境对经济发展的制约。随着人口的增长和工业化、城市化进程的加快，资源消耗强度将进一步加大，必须加快转变经济增长方式，提高资源利用效率。与发达国家相比，我国在资源综合利用方面存在较大差距。

我国矿产资源总回收率和共生及伴生矿产资源综合利用率分别约为 30% 和 35%，比国外先进水平低 20 个百分点；木材综合利用率约为 60%，发达国家一般在 80% 以上；此外，大量的废旧家电、电子产品、有色金属废料、废纸、废塑料、废玻璃、废木料等未得到有效利用，不仅浪费资源，而且污染环境。另一方面也表明我国资源综合利用潜力巨大。

缺乏对综合利用资源的重要性和紧迫性的认识。长期以来，资源综合利用的重要性在一些企业中得到了进一步的认识。大多企业不认为资源的综合利用是资源供应的一个重要来源，只采取废物处理措施。迫切需要提高认识。法律法规不健全，政策执行困难。我国缺乏资源综合利用的专门法律法规。虽然国家出台了一系列鼓励企业资

源综合利用的政策文件，但现有政策的连续性和支持性已不适应形势发展的需要，政策执行困难、执行偏差等问题依然存在。

技术装备落后，创新能力不强。缺乏具有自主知识产权的技术和设备，共同开发的关键技术具有重要的驱动力，许多可再生废弃物无法充分开发利用，部分综合利用产品技术含量低、附加值低、竞争力差。

在国民经济发展统计体系中，资源综合利用统计缺失，数据不完整，统计方法不统一，基础数据缺失，信息共享不足，并且难以作为控制宏的基本数据。

（二）中国资源综合利用的目标

综合利用资源有助于确保资源的可持续利用，减少环境污染的压力。中国固体废物综合利用每增加 1%，每年可减少废物排放量约 1000 万吨；粉煤灰综合利用每增加1%，可减少近 200 万吨的排放，大大改善了环境。因此，必须认真贯彻落实以节约资源为特点，以科学发展观为指导、坚持和调整，以"用人单位"为重点，以提高资源利用效率和效益为动力，以技术创新和制度创新为动力，以企业为实施主体，以加强制度建设为政策措施逐步建立政府大力推动、市场有效推动、全社会积极参与的资源综合利用宏观管理体制。

第一，坚持扩大利用、高效利用和清洁利用的原则。重点推进量大面广、资源化潜力大的废物回收与再生利用，合理延长产业链，开发高附加值的综合利用产品，减少二次污染，提高资源利用效率，实现经济效益、社会效益、环境效益的有机统一。

第二，坚持政治激励原则。继续发挥激励和政策导向作用，完善相应的激励政策，认真落实现有政策，调动市场主体资源的积极性。

第三，坚持市场导向原则。充分发挥市场在资源配置中的基础性作用，使资源综合利用真正成为企业降低生产成本、提高资源利用效率、减少浪费、健康发展的重要举措。

第四，坚持技术进步的原则。通过技术集成和产业化促进技术创新，提高研发能力，推广应用先进技术，促进资源综合利用产业的市场化、标准化和集约化发展。

第五，坚持全社会参与的原则。企业主动承担资源综合利用的责任和义务；中介机构起着积极的桥梁作用；公众改变不合理的消费模式，自觉地参与废物的分离和回收；政府带头和示范。

2010 年，矿产资源总回收率与共伴生矿产综合利用率在 2005 年的基础上各提升5 个百分点，分别达到 35% 和 40%。工业固体废物综合利用率达到 60%，其中粉煤灰综合利用率达到 75%，煤矸石达到 70%，尾矿达到 10%，冶炼渣达到 86%；硫石膏基本得到利用，磷石膏等化工废渣利用有明显增长。主要再生资源回收利用率提高到65%，再生铜、铝、铅占总产量的比重分别达 35%、25%、30%。木材综合利用率由目前 60% 左右提高到 70% 左右。到 2010 年，资源综合利用产业得到快速发展，资源利用效率有较大幅度提高，综合利用产品在同类产品中的比重逐步提高，形成一批具有一定规模、较高技术装备水平、较高资源利用率、较低废物排放量的综合利用企业。

（三）中国资源综合利用的范围

资源的综合利用是广泛的。根据资源综合利用的特点以及国民经济和社会发展的要求，资源综合利用的范围主要包括国家经济和社会发展所需的稀缺资源、战略性资源和有价值的资源。

（1）矿产资源综合利用

重点是大宗、短缺、稀贵金属等重要矿产资源的综合开发利用。能源和矿物。煤炭工业要积极推进沥青黄铁矿、高岭土等伴生共生矿产资源的综合开发利用，大力发展地表瓦斯开采、地下瓦斯开采和综合利用。煤层气（煤矿瓦斯）开发导水聚合物，促进难采储量的开采，发展油砂、油泥母油的工业利用，推广高硫石油焦的燃烧技术。在循环流化床锅炉中的应用，促进了喷枪在油田和炼油、回收和综合利用过程中的应用。

黑色金属矿产。针对中低品位铁矿、低品位锰矿、硼镁铁矿、锡铁矿等难选呆滞资源，加大综合利用技术研究力度，重点突破鄂西鲕状赤铁矿、细粒难选金红石矿、含磷碳酸锰矿等选矿新工艺，研发复合力场磁选设备、大型多磁极永磁磁选机、超导磁选机、预选抛废等设备，发展生产过程自动控制与信息化技术，形成规模化、集成化技术，提高我国已探明储量的利用率。

有色金属和稀贵金属矿产。针对铜、镍、铅、锌、铝等国家紧缺矿产，研究开发效益独特的冶炼技术，综合开发利用有色金属及伴生矿产资源。将特别注意开发高效、低成本和低污染的加压浸出技术、生物冶金、难选矿物制备和处理的新组合技术、污泥电解技术和新技术、浓缩工艺及综合利用；加强稀土矿产资源的综合利用，加工冶炼过程中难加工贵金属化合物共生体的综合回收和综合利用；耐火材料、无毒浸出液、贵金属生物氧化、地下和原地浸出的循环流化燃烧技术的发展。

非金属矿产。发展共生、伴生非金属矿产资源的综合利用和深加工；合理利用盐湖资源，提高锂、硼、钾资源保障程度；加强磷矿、硼铁矿、滑石及石墨、萤石、石灰石、高岭土、石英等的综合利用。

（2）"三废"综合利用

重点是产生量大、存放量大、资源化潜力大的废弃物的资源化利用。固体废物。重点发展从冶炼渣、矿山尾矿等回收价值高的金属，提高资源综合利用附加值。发展煤矸石、煤泥发电；大力发展利用煤矸石、粉煤灰及各类化工渣生产以新型墙体材料等为主的利废建材；发展粉煤灰、煤矸石等在筑路、回填、复垦等领域的利用。推广碱渣、电石渣等化工废渣在建材产品中的应用技术；鼓励铬渣的综合利用；积极推广以电厂脱硫石膏、磷石膏等工业副产石膏替代天然石膏的资源化利用；积极推进城市生活垃圾的综合处理，最大限度实现资源化；大力推广城市生活垃圾焚烧发电、堆肥等综合利用技术，推广建筑垃圾的重复使用、再生利用和无害化利用。

废液（水）。发展造纸、食品加工、印染、皮革、化工、纺织、农牧业等工业废液资源化利用，重点回收利用现有资源；促进工业废水的循环利用；扩大中水利用，大力促进矿井水资源利用。

释放空气、余热和压力。焦炉、高炉和转炉煤气资源的回收和利用；工业炉余热和压力发电的开发及热分类利用；回收和综合利用油田和炼油企业排放的各种气体二氧化碳回收。

（3）再生资源回收利用

重点是完善再生资源回收体系，规范市场秩序，加快废旧资源加工利用的产业化。

再生资源回收。围绕国家可再生资源回收领域市场秩序的调控，根据资源的不同特点，研究建立相应的回收模式；推进再生资源回收体系试点建设，逐步建立标准化、网络化的再生资源回收体系，促进再生资源循环利用，加工再生资源回收，有条不紊，规范化，促进再生资源回收健康发展。

再生资源加工利用。促进可再生资源流通加工基地的发展和可再生资源回收产业化；促进高附加值综合利用产品的生产；淘汰落后的技术、设备和高污染生产工艺；重点推进废旧家电、废旧轮胎、废旧塑料、废纸、废旧包装、废旧木制品、废油制品的回收利用和产业化进程。

国外可再生资源。当以资源为基础的可再生资源（如废钢、有色金属废料、废纸等）符合环境保护控制标准时，应鼓励对外国市场的资源再利用；严格进口再生资源的检验检疫和监督管理。规范境外可再生资源进口，合理规划布局，加强集中系统处理，有条件设立境外可再生资源进口示范园区。

（4）农林废弃物综合利用

重点发展农业废弃物（包括秸秆、农膜、畜禽粪便等）、农产品加工副产品、林木"三剩物"、次小薪材等资源化利用；发展木基复合材料和经济合理的代木产品，综合利用废弃资源开发利用生物质能源；鼓励废旧木材及其废旧木制品的回收再利用；发展木材改性、防腐、抗虫和阻燃技术，推进其产业化。

（四）资源综合利用认定管理

自1985年国务院批转原国家经委《关于开展资源综合利用若干问题的暂行规定》以来，特别是1996年自《国务院批转国家经贸委等部门关于进一步开展资源综合利用的意见》出台以后，国家制定出台了一系列鼓励开展资源综合利用的优惠政策，尤其是税收减免政策，极大地调动了企业开展资源综合利用的积极性。为落实国家资源综合利用的优惠政策，引导和规范企业开展资源综合利用和加强税收管理，从 1998 年开始，原国家经贸委会同有关部门开展了资源综合利用认定管理工作，并相继出台了《资源综合利用认定管理办法》和《资源综合利用电厂（机组）认定管理办法》。经认定的资源综合利用企业（机组），可以享受国家资源综合利用优惠政策。

国家发展改革委、财政部、国家税务总局联合发布了《国家鼓励的资源综合利用认定管理办法》，于 2006 年 10 月 1 日起实施。此次发布的《国家鼓励的资源综合利用认定管理办法》是根据《行政许可法》和《国务院办公厅关于保留部分非行政许可审批项目的通知》有关规定，按照精简效能、加强监督的原则，结合资源综合利用工作的实际，对原国家经贸委等部门发布的《资源综合利用认定管理办法》和《资源综合利用电厂（机组）认定管理办法》进行的合并修订。《国家鼓励的资源综合利用认定管理办法》以鼓励资源综合利用、提高资源利用率为核心，以加强效能、监督管理为重点，提出建立更加规范、更加有效的资源综合利用认定管理制度。同时，与早先颁布的《资源综合利用认定管理办法》相比进行了较多方面的修改，除对申报条件、认定内容及审查程序、审查时限等方面做出了明确规定外，还充实完善了认定条件，明确了审批权限，增加了量化指标，使认定条件和标准更加规范统一。此外，《国家鼓励的资源综合利用认定管理办法》突出了各部门相互配合和紧密协作的工作机制。为加强监管，《国家鼓励的资源综合利用认定管理办法》还进一步补充和完善了资源综合利用监督检查制度和纠错制度，以及对通过认定企业和大宗综合利用资金来源进行动态监管，并实施统计报告制度等内容。《国家鼓励的资源综合利用认定管理办法》的发布为进一步落实国家对资源综合利用的鼓励和扶持政策、引导和推动资源综合利用事业健康有序地发展提供了有力的保障。

国家发展和改革委员会负责组织、协调、监督和管理资源综合利用标志。省、自治区、直辖市综合资源利用规划行政主管部门（以下简称省级综合资源利用部门）负责综合资源的识别、监督和管理。在各自管辖范围内使用补救办法；主管税务机关应当加强税收监督管理，认真执行国家资源综合利用税收优惠政策。经认证生产资源综合利用产品或者采用资源综合利用工艺技术的企业，应当按照国家有关规定实行税收、经营等优惠政策。

（1）资源综合利用认定申报条件

申报资源综合利用认定的企业必须具备的条件：生产工艺、技术或产品符合国家产业政策和相关标准；资源综合利用产品能独立计算盈亏；所用原（燃）料来源稳定、可靠，数量及品质满足相关要求，已落实水、电等配套条件；符合环保要求，不产生二次污染。申报资源综合利用认定的综合利用发电单位还应具备的条件：电站按照国家审批或核准权限规定，经政府主管部门核准（审批）建设；利用煤矸石（石煤、油母页岩)、煤泥发电的，必须以燃用煤矸石（石煤、油母页岩）、煤泥为主，其使用量不低于入炉燃料的 60%（重量比）；利用煤矸石（石煤、油母页岩）发电的，入炉燃料应用基低位发热量不大于12550千焦/千克；必须配备原煤、煤矸石、煤泥自动给料显示、记录装置。城市生活垃圾（含污泥）发电应当符合以下条件：垃圾焚烧炉建设及其运行符合国家或行业有关标准或规范；需有地（市）级环卫主管部门出具的证明使用的垃圾数量及品质的材料；每月垃圾的实际使用量不低于设计额定值的 90%；垃圾焚烧发电采用流化床锅炉掺烧原煤的，垃圾使用量应不低于入炉燃料的 80%（重量比）；必须配备垃圾与原煤自动给料显示、记录装置。以工业生产过程中产生的可利用的热能及压差发电的企业（分厂、车间），应根据产生余热、余压的品质和余热量或生产工艺耗气量和可利用的工质参数确定工业余热、余压电厂的装机容量。回收利用煤层气（煤矿瓦斯）、沼气（城市生活垃圾填埋气）、转炉煤气、高炉煤气和生物质能等作为燃料发电的，必须有充足、稳定的资源，并依据资源量合理配置装机容量。

（2）资源综合利用认定内容

资源综合利用认定内容主要包括以下方面：审定申报综合利用认定的企业或单位是否执行政府审批或核准程序，项目建设是否符合审批或核准要求，资源综合利用产品、工艺是否符合国家产业政策、技术规范和认定申报条件；审定申报资源综合利用产品是否在《资源综合利用目录》范围之内，以及综合利用资金来源和可靠性；审定是否符合国家资源综合利用优惠政策所规定的条件。

（3）资源综合利用认定申报及认定程序

资源综合利用认定实行由企业申报、所在地市（地）级人民政府资源综合利用管理部门（以下简称市级资源综合利用主管部门）初审、省级资源综合利用主管部门会同有关部门集中审定的制度。省级资源综合利用主管部门应提前一个月向社会公布每年年度资源综合利用认定的具体时间安排。

申请城市生活垃圾优惠政策的企业，应当向城市生活垃圾管理部门提出书面申请，并提供所需的有关资料。市资源综合利用部门在征求同一财政部门和其他有关部门意见后，应当自收到意见之日起 30 日内完成一审工作，提出初步意见，并报省级人民政府资源综合利用部。市政当局向申请单位提交的 UPM 申请应在以下情况下予以受理：如果申请不完整或不符合要求，应在现场或五天内将需要填写的细节通知申请人。

省级资源综合利用主管部门会同同级财政等相关管理部门及行业专家，组成资源综合利用认定委员会（以下简称综合利用认定委员会），按照规定的认定条件和内容，在 45 日内完成认定审查。属于以下情况之一的，由省级资源综合利用主管部门提出初审意见，报国家发展改革委审核：单机容量在 25 兆瓦以上的资源综合利用发电机组工艺；煤矸石（煤泥、石煤、油母页岩）综合利用发电工艺；垃圾（含污泥）发电工艺。每年受理一次，受理时间为每年 7 月底前，审核工作在受理截止之日起 60 日内完成。

资源综合利用主管部门根据综合利用认定委员会的认定结论或国家发展改革委的审核意见，对审定合格的资源综合利用企业予以公告，在发布公告之日起10日内无异议的，由省级资源综合利用主管部门颁发《资源综合利用认定证书》，报国家发展改革委备案，同时将相关信息通报同级财政、税务部门。未通过认定的企业，由省级资源综合利用主管部门书面通知，并说明理由。

如果对综合利用认证委员会的结论有异议，可要求产生认证结论的综合利用认证委员会进行审查，并应予以接受。对复审结果有异议的，可以直接向上级资源综合利用机关提出申诉。《资源综合利用认定证书》由国家发展改革委统一制定样式，各省级资源综合利用主管部门印制，有效期为两年。

持有《资源综合利用认定证书》的单位，因故变更企业名称或者产品、工艺等内容的，应向市级资源综合利用主管部门提出申请，并提供相关证明材料。市级资源综合利用主管部门提出意见，报省级资源综合利用主管部门认定审查后，将相关信息及时通报同级财政、税务部门。

（4）资源综合利用认定的监督管理

国家发展改革委、财政部、税务总局要加强对资源综合利用管理和优惠政策执行情况的监督检查，及时调整资源配置，适应资源综合利用发展形势。综合利用资源，调整国家产业政策和技术进步水平认证条件。

各级主管部门应采取有效措施，加强对公认企业的监督管理，特别是加强对资源综合利用重要来源的动态监督，明确资源综合利用不能稳定供应。对有关企业和单位进行年度检查和评估，但不影响企业的正常生产和经营活动；各级财税管理部门要加强与同级资源综合利用部门的信息沟通，特别是对监督检查过程中发现的问题要及时交流，协调解决。

省级资源综合利用主管部门应于每年5月底前将上一年度的资源综合利用认定的基本情况报告国家发展改革委、财政部和国家税务总局。基本情况报告主要包括：认定工作情况［包括资源综合利用企业（电厂）认定数量、认定发电机组的装机容量等情况］；获认定企业综合利用大宗资源情况及来源情况（包括资源品种、综合利用量、供应等情况）；资源综合利用认定企业的监管情况（包括年检、抽查及处罚情况等）；资源综合利用优惠政策落实情况。

已取得资源综合利用产品或工艺认证的企业（电厂）应严格按照资源综合利用认证条件的要求，组织生产，完善管理制度，完善统计报告，及时提交统计数据和经审计的财务报表。

取得资源、产品、工艺综合利用证书的企业，因资源、原材料的综合利用，不能满足认证要求的综合利用条件的，应当主动向市资源综合利用主管部门报告。经省级人民政府认可批准的认证机构终止认证证书的有效期，并予以公告。

《资源综合利用认定证书》各级主管税务机关审批减税、免税资源综合利用的必要条件，未经认证的企业不得办理减税、免税手续，参加认证的人员应当严格遵守被认证企业的商业秘密和技术秘密，充分利用资源。任何单位和个人都有权检举伪造综合利用资格和优惠政策的欺诈行为。

二、能源审计

运用科学合理的手段和方法，依法对企业用能进行有效的监督管理，促进企业由粗放经营向集约经营的转变，即节约资源，提高资源效率。通过技术进步、制度创新和管理水平的提高来促进企业节能管理，是我国实现节能管理的重要途径。企业能源审计这一术语首次引起了我国政府节能管理部门的重视，国家经贸委组织全国各省、市、自治区的有关节能管理人员举办了《企业能源审计培训班》，并确定河南、山东两省为我国的首批企业能源审计试点省。为了便于节能工作的科学管理，国家标准化行政主管部门制定了《企业能源审计技术通则》《节能监测技术通则》《工业企业能源管理导则》等一系列方法、标准，河南省标准化管理部门又专门制定了《企业能源审计方法》等地方标准，进一步规范了政府节能管理部门对企业能源利用情况的监督管理。

一般来说，企业需要全面审查企业能源管理审计人员的情况（如质量管理、管理体系和执行情况等），对能源采购和使用的详细审计需要对计量体系进行必要的审查。对电力企业进行监督（测试）和统计，对主要电气设备的效率和系统的用电情况进行必要的测试和分析。同时对照明、采暖通风、工艺流程、厂房结构、设备使用、操作人员素质等方面进行专项检查；利用近几年的统计数据、现场调查结果和试验数据，按照有关标准和方法，计算出评价企业能耗水平的一些技术经济指标（如产品能耗、综合能耗、主要设备能耗）、效率或能源消耗指标等；最后，对各种调查、统计、试验和计算结果进行综合分析和评价，以确定节能潜力，提出切实可行的节能改造措施和技术改造项目，并进行经济和财务评价。采用能源审计方法对企业固定资产投资项目包括节能技术改造项目进行节能论证，以保证节能技术改造项目和基础设施投资项目的节能效益。审查企业的主要经济技术指标，确保国有资源综合利用税收优惠政策的有效实施。

从上述内容可见，企业能源审计与企业能源平衡在目的和内容上是相似的，但能源审计的内容更为全面，更加注重对企业能源管理、设备管理和企业技术水平的分析和评价；除必要的证据外，还对历年主要设备能耗、材料生产、采购、销售和储存情况进行了统计分析和验证；除了计算企业能源利用的技术经济指标外，还需要对这些指标进行技术经济分析，并提出具体的短期节能措施和长期节能技术改造方案。因此，能源审计在加强企业能源管理、提高设备能量转换效率、挖掘节能潜力、制定能源管理目标、评价能源利用水平等方面具有重要的指导作用。

三、清洁生产

人类从自然中获得的物质财富不断增加，自然资源和环境利用和改造的规模和速度空前提高，促进了各地区经济和社会的快速发展。同时，越来越多的废弃物和污染物进入自然生态环境，超过了自然的消化吸收能力，不仅污染了环境，而且威胁到人类的生存。清洁生产是人类环境保护经验的总结。实施清洁生产是深化我国环境污染防治，实现社会经济发展和生态环境保护战略的有效途径。经济发展与环境保护是社会发展的和谐统一。

清洁生产的起源来自1960的美国化学行业的污染预防审计。而"清洁生产"概念的出现，最早可追溯到1976年。当年欧共体在巴黎举行了"无废工艺和无废生产国际研讨会"，会上提出"消除造成污染的根源"的思想；1979年4月，欧共体理事会宣布推行清洁生产政策；1984年、1985年、1987年欧共体环境事务委员会三次拨款支持建立清洁生产示范工程。

自1989年联合国开始在全球范围内推行清洁生产以来，全球先后有8个国家建立了清洁生产中心，推动着各国清洁生产不断向深度和广度拓展。1989年5月联合国环境署工业与环境规划活动中心（UNEP IE/PAC）根据UNEP理事会会议的决议，制订了《清洁生产计划》，在全球范围内推进清洁生产。该计划的主要内容之一为组建两类工作组：一类为制革、造纸、纺织、金属表面加工等行业清洁生产工作组；另一类则是组建清洁生产政策及战略、数据网络、教育等业务工作组。该计划还强调要面向政界、工业界、学术界人士，提高他们的清洁生产意识，教育公众，推进清洁生产的行动。1992年6月在巴西里约热内卢召开的"联合国环境与发展大会"上，通过了《21世纪议程》，号召工业提高能效，开展清洁技术，更新替代对环境有害的产品和原料，推动实现工业可持续发展。中国政府亦积极响应，于1994年提出了"中国21世纪议程"，将清洁生产列为"重点项目"之一。

自1990年以来，联合国环境署已先后在坎特伯雷、巴黎、华沙、牛津、首尔、蒙特利尔等地举办了6次国际清洁生产高级研讨会。在1998年10月韩国首尔第五次国际清洁生产高级研讨会上，出台了《国际清洁生产宣言》，包括13个国家的部长及其他高级代表和9位公司领导人在内的64位签署者共同签署了该宣言。参加这次会议还有国际机构、商会、学术机构和专业协会等组织的代表。《国际清洁生产宣言》的主要目的是提高公共部门和私有部门中关键决策者对清洁生产战略的理解及该战略的形象，也激励着对清洁生产咨询服务的广泛的需求。《国际清洁生产宣言》是对作为环境管理战略的清洁生产的公开承诺。

20世纪90年代初，经济合作与开发组织（OECD）在许多国家采取不同措施鼓励采用清洁生产技术。例如在西德，将 70% 的投资用于清洁工艺的工厂可以申请减税。在英国，税收优惠有助于风力发电的增长。自 1995 年以来，经合组织国家的环境战略开始侧重于产品而不是过程，并作为一个起点，引入了生命周期分析，以确定产品生命周期的哪一部分（包括制造、运输、使用和处置）。可以以尽可能低的成本和效率减少或更换原材料投入，消除污染物和废物。该战略鼓励和指导生产者和制造商及政府决策者寻找更具想象力的清洁生产方法。美国、澳大利亚、荷兰、丹麦等发达国家在清洁生产立法、组织机构建设、科学研究、信息交换、示范项目和推广等领域已取得显著成就，特别是进入 21 世纪后，发达国家清洁生产政策有两个重要的倾向：一是着眼点从清洁生产技术逐渐转向清洁产品的整个生命周期；二是从大型企业在获得财政支持和其他种类对工业的支持方面拥有优先权，转变为更注重扶持中小企业进行清洁生产，包括提供财政补贴、项目支持、技术服务和信息等措施。

第三章　生态循环经济发展模式研究

第一节　农业、工业与第三产业生态循环经济发展

一、农业循环经济

（一）农业循环经济发展的内涵

农业是国民经济的基础，是发展循环经济的重要领域。加快发展农业循环经济是转变农业发展方式、保障食品和木材安全、建设生态文明的必然选择。

1.农业循环经济的内涵

如许多经济学理论的概念一样，农业循环经济从其诞生那天起，其概念就没有统一过。

陈德敏等（2002）较早地提出循环农业是中国未来农业的发展模式，必须在建设生态农业的同时，推进农业清洁生产，开展农业废弃物的综合开发利用。但并没有给出一个关于农业循环经济的明确定义。

周震峰等（2004）强调农业循环经济的本质是一种以低投入、高循环、高效率、高技术、产业化为特征，吸收传统生态农业与可持续农业的思想精髓形成的新型农业发展模式。

刘学敏（2007）认为，农业发展循环经济就是依据可持续发展理论，运用生态经济学原理，把自然生态系统的物质循环与能源流动规律纳入农业经济系统，在农业经济活动中以农业资源投入减量化、再利用、再循环、无害化为准则，形成生态、绿色、高效、立体的农业经济体系。

夏振州（2007）认为，农业循环经济是指遵循农业可持续发展和循环经济思想，依据绿色GDP核算体系和可持续发展评估体系，从资源节约、生态环境保护、经济收益提高的角度，受有限的农业资源、环境及生态极限的制约，运用循环经济方法规划、设计农业经营生产，营造"资源—产品—废物—再生资源"的闭环农业经济系统，从而实现经济、社会、环境三者协调统一的发展形态。

林向红（2007）认为，农业循环经济是在农业生产经营中，遏制农业污染、提高农业资源有效利用的机制创新。它采取低消耗、高利用的方式，实现农业清洁生产，把生态农业建设与绿色消费观念相结合，运用生态学原理来指导农业生产发展。

陶爱祥（2007）认为，农业循环经济是指在农业系统发展过程中运用可持续发展和循环经济理论，对农业资源投入、生产消费、废弃物的全程实施监控，将依赖农业资源大量投入的传统增长经济调整为依靠循环资源的可持续农业经济体系。

李长英（2008）认为，农业循环经济就是遵循农业生态学、生态经济学的原理，运用系统工程方法优化生态农业结构、推广生态模式、实施绿化生态工程、大抓"绿色品牌"开发、大力发展生态环保型工业经济、着力建设生态城镇、不断提高农业和农村经济的整体素质和效益，促进农业增效、农民增收，促进农业和农村经济持续、健康、较快发展。

李耀（2009）认为，农业循环经济是在循环经济理念和可持续发展思想指导下出现的新型农业经济发展模式，它摒弃了传统农业的掠夺性经营方式，把农业经济发展与生态环境良性运行结合起来，促进农业经济和国民经济可持续发展。

李宗才（2009）认为，农业循环经济是把循环经济理论知识应用在农业中，遵循生态系统循环和能量流动规律，在农产品生命周期对农业的所有环节减少外部投入的资源数量，减少农业生产中排放的废弃物数量，形成农业资源循环利用的闭环反馈模式，即"资源—产品—废弃物—再生资源"，实现节约资源、保护环境、清洁农业生产和自然生态系统的良性循环，使农业生产各环节实现价值增值，保证农业的经济效益、生态效益相协调。

王晓鸿（2009）认为，农业循环经济是可持续发展观与循环经济观的结合。它是一种应用于农业生产系统的新型经济。遵循"生态系统物质循环和能量流动规律"，适当减少农业生产投入的资源量。农业循环经济本质上是一种生态经济。它以循环经济为基础，具有"低消耗、低污染"的特点。通过对农业循环经济的分析，提出了实现农业循环经济的途径，实现了农业经济与生态的双赢。

翟绪军（2011）认为，农业循环经济是按照"减量化、再利用、循环利用"的原则，将经济效益、社会效益、生态效益、资源高效利用、减少浪费的循环经济理念应用于农业生产经营系统的实践。大规模生产的目的是减少农业生产过程中的资源和物质投入，缩短农产品的生命周期，减少废物的产生和排放，从而实现农业、生态环境和社会效益的经济双赢。

2. 农业循环经济的特征

经济的持续发展、生态环境的和谐共处和社会的不断进步是人类生存和发展的必要保障。农业循环经济是一个集经济、社会、生态协调为一体的综合系统，强调减少农业生产经营中的资源投入和废物排放，最大限度地发挥经济、社会、生态环境的综合效益。农业循环经济的特征主要表现在以下三个方面：

（1）农业循环经济的经济特征

农业循环经济的经济特征是要使农业资源节约使用—农业废弃物减排甚至零排放—农业产业链闭环延伸。

第一，农业资源在生产流程中循环节约利用。这是农业循环经济最直接的特征表现和目的所在。农业循环经济是把农业经营活动由传统农业"资源—农产品—废弃物""大规模生产、大规模消费"的线性模式转变成一种"农业资源—农产品—农业再生资源及废弃物利用"物质往复流动的循环模式。首先，在资源投入方面合理减少物质和能源投入，实现减量化原则，是农业循环经济中减轻资源环境压力的重要途径。重点是扩大农业生产和生态系统中物质和能量的利用和循环过程，将物质资源和能量纳入各级生产的农业循环体系，实施绿色农业产业化，促进农业清洁生产，减少对自然资源的过度开发和利用，适度使用环境友好的"绿色"农用化学品，提高其安全性，控制化肥和农药的使用，尽量减少对环境的影响。

农业循环经济强调农业与环境协调发展的新模式。其目标是实现人口、资源和环境的协调发展，使人类能够在尊重自然环境的情况下提高农业生产力和生态规律。

第二，农业生产和消费的废弃物减排。在生产和消费过程结束时，废物被重新纳入农业经济生产周期。通过资源再生和物质循环，最大限度地减少物质资源和能源对外部环境的出口，减少对外部环境的负面影响。利用最终的效率和废物，达到低污染甚至零排放，满足整个经济系统和整个生产消费过程的无害化要求。随着农业循环经济的发展，农产品加工业迅速推动了农业产业化，农业生产中产生的废物和农产品加工副产品的回收利用和综合利用，将有助于形成以生产和消费的最终废物为原料的新产业，并在未来取得进展。

第三，农业产业链闭环延伸的产业合作。通过延伸闭环产业链，实现农业内部、农业与其他产业之间的合作。在农业内部，种植业、畜牧业、林业和渔业相互渗透，形成规模农业，农产品生产和加工、农产品贸易服务和农产品消费。通过综合利用废弃物资源，耦合农业生产要素，形成农业产业化协调发展网络，优化资源配置，有效利用废弃物，最大限度地减少对环境的影响。此外，农业和与农业有关的工业的原材料、产品和废物在其上游和下游工业之间流动，上游工业的废物成为下游工业的原材料，形成生态食品链。促进各再生剂的共生互利，促进人类健康、社会和环境的健康发展。目前，从农产品深加工的角度来看，规范和协调农产品的兼容性，使农产品的循环利用成为农产品生产的一个重要特征，也是农业循环经济的客观要求。

（2）农业循环经济的生态特征

农业循环经济是经济增长方式由粗放型农业、消费型农业和投入型农业向石油型农业的有机转变。发展农业循环经济可以有效抑制传统的石油农业和农业资源的大量投入。片面强调经济增长和农业生产只会造成严重的农业污染和生态破坏。

第一，从资源环境角度。农业循环经济是指在农业生产经营的各个方面尽可能地节约资源。预防和减少农业废物的产生是其基本目标。农业循环经济拓展了农业发展空间，延伸了农业生态产业链和农业资源利用链。因此，发展农业循环经济的途径是解决农业资源利用和再利用的全过程控制问题。不断缓解日益严重的环境退化问题。

第二，环境保护方面。农业循环经济从社会生产的源头开始受到越来越多的关注。农业循环经济是解决整个社会经济系统环境问题的有效途径，是国民经济生态生产的重要组成部分。目前，应努力确保农业资源的经济利用，改善农业生产环境，保护耕地生物多样性，改善土壤、耕地和水资源的净化。发展农业经济需要合理利用农业资源。同时，要注意耕地数量与质量的平衡，把水资源的可持续利用作为农业可持续稳定发展的基础。改善生态环境是农业发展循环经济的重要目标，是社会发展进步的重要标志。

（3）农业循环经济的社会特征

农业循环经济是在尊重和遵守自然规律的基础上发展农业生产。原始农业阶段实际上是一个农业循环经济阶段。发展农业循环经济，不仅要兼顾经济效益和生态效益的需要，而且要与产生的社会效益相协调，实现经济效益、社会效益和生态效益的"共赢"。农业循环经济是指通过提高资源利用效率、节约材料和能源，实现经济、生态、社会一体化发展农业生产的目标。目前，我国农村需要实现"清洁"生活和经济生活方式，倡导现代生活文明，突出社会效益的重要性。

农业作为一个重要的经济部门，属于社会的一个有机组成部分，并且具有其自身的产业特性——基础产业与弱质产业并存。本着社会统筹发展、和谐共生的宗旨，要重视农业循环经济的社会特征。既然农业循环经济作为可持续发展农业方式，可以实现经济、社会和环境的共赢，是一种可持续发展的农业（苟在坪，2008），因此，在全社会坚持资源节约型经济发展模式和绿色环保消费理念的今天，农业循环经济是顺应时代潮流、遵循自然规律、提高人民生活水平的一种新体制。农业发展的目标是在尊重自然规律的基础上提高经济效益，体现生态效益，实现生态效益和社会效益的健康发展。

根据循环经济和农业生态经济的理论，发展农业循环经济是以减少资源投入、减少浪费、实现生态良性循环、促进农村建设和谐发展为核心的经济形式。加强农业经济结构调整，实现农业生产专业化、社会化，形成"资源—产品—消费品—废弃物"环状系统，实现有效转化，坚决支持市场机制调节农业生产方式，逐步地实现农业产业合理化产业布局，优化升级农村产业结构，达到节约资源和环境友好的可持续发展目标，就必须要建成包括农村人口在内的全社会成员共同参与的农业循环经济系统。

（二）中国农业循环经济的发展思路和目标

农业循环经济的模式多样，不仅有农业产业内部循环系统、"农业—工业"循环系统、"种植—养殖—工业—营销"系统，还有"农业—工业—旅游业"系统。而且，随着农业循环经济的不断发展，必将会创造出更多更好的循环系统。

1. 发展思路

2016 年 2 月，国家发展改革委、农业部和国家林业局联合印发了《关于加快发展农业循环经济的指导意见》，指出农业是国民经济的基础，是发展循环经济的重要领域。加快发展农业循环经济是转变农业发展方式、保障食品和木材安全、建设生态文明的必然选择。

（1）指导思想

全面落实党中央、国务院关于大力推进生态文明建设的战略部署，加快发展农业循环经济，提高农业资源利用效率，改善农村生态环境，推进绿色农业。作为一个线程驱动程序开发，专注于演示和领导。要发挥龙头企业的主导作用，优化产业组织结构，促进农林渔业和第二、第三产业的综合发展，全面推进资源经济利用、清洁生产、产业链流程再造和资源浪费。

（2）遵循原则

一是坚持优先减少和使用资源。从源头上减少排放，提高资源利用效率，减少生产、加工、分配和消费中的能源、资源消耗和废物产生，促进资源化、规模化、高值化利用，提高农业综合效益。

二是坚持重点突破，推进示范，组织实施农作物秸秆、农林副产品加工、森林废弃物、农膜废弃物、畜禽粪便、水体富营养化等重点领域的示范工程。培育、总结和浓缩一系列典型的农业循环经济模式，加大推进力度。

三是坚持因地制宜、产业融合。各地区应根据资源禀赋、环境承载力、产业基础、主体功能定位等实际情况，合理规划布局，选择不同的技术路线，形成具有自己特色的农业循环经济发展模式。推进循环产业链多形式、一体化发展，构建以第一产业、第二产业、第三产业联动发展的现代循环经济产业体系。

四是坚持政府推动和市场导向。加强政府的有序引导、技术支持、政策支持和公共服务，充分发挥市场在资源配置中的决定性作用，增强龙头企业、农牧区、渔业、林业的带动作用。引导企业、新型农工商企业和农民全面参与加快农业循环经济社会服务体系建设。

此外，《循环经济发展战略及近期行动计划》中指出，要在农业领域，加快资源高效利用、清洁生产、产业链循环利用和废物处理与回收利用，形成农、林、牧、渔业多产业共生的循环农业生产模式。加快农业机械化，推进农业现代化，改善农村生态环境，提高农业综合效益，促进农业发展方式转变。

2. 发展目标

农业循环经济发展目标及重点领域和主要任务具体如下：

（1）发展目标

《循环经济发展战略及近期行动计划》指出，到 2015 年，农业灌溉用水有效利用系数达到 0.53，秸秆综合利用率提高到 80%，设施渔业养殖废水处理与综合利用率达 80% 以上，林业"三剩物"综合利用率达 80% 以上。

《关于加快发展农业循环经济的指导意见》指出，到 2020 年，建立起适应农业循环经济发展要求的政策支撑体系，基本构建起循环型农业产业体系。生态循环农业产业不断发展，科技支撑能力不断增强，农林废弃物处理资源化程度明显提高，人居环境和生态环境显著改善，农业可持续发展能力不断提升。建设和推广一批具有示范引领作用的农业、林业和工农复合型的循环经济示范园区、示范基地、示范工程、示范企业和先进适用技术，总结凝练一批可借鉴、可复制、可推广的农业循环经济发展典型模式，推动转变农业发展方式。力争到 2020 年，农田灌溉水有效利用系数达到 0.55，主要农作物化肥利用率达到 40% 以上，农膜回收率达 80% 以上，农作物秸秆综合利用率达 85% 以上，规模化养殖场（区）畜禽粪便综合利用率达到 75%，林业废弃物综合利用率达到 80% 以上。

（2）重点领域和主要任务

重点领域和主要任务包括推进资源利用节约化、推进生产过程清洁化、推进产业链接循环化、推进农林废弃物处理资源化等。

1）推进资源利用节约化

推进土地节约集约利用。推进传统耕作制度改革，合理确定复种指数，充分挖掘土、水、光、热等资源的利用潜力，提高耕地、草地、水面、林地综合产出效率；加强农田基础设施和耕地质量建设，实施"耕地质量保护与提升行动"；支持盐碱地和土壤污染耕地等改良修复，因地制宜调整种植结构；鼓励合理利用盐碱地、采矿塌陷区发展水产养殖等；与新型城镇化建设紧密结合，集中整理、规划农村居民点用地；科学制定造林和森林经营方案，推广林地立体开发产业模式，发展林下经济。

推进水资源节约高效利用。在干旱半干旱地区，大力发展节水农业，建设集雨补灌设施，推广保墒固土、生物节水、沟播种植、农田护坡拦蓄保水、膜下滴灌等旱作节水技术。在非旱作农业区，推广防渗渠、低压管道、水肥一体化等节水技术；推广抗旱品种，发展保护性耕作，实行免耕或少耕、深松覆盖，增强抗旱节水能力。发展循环水节水养殖，研发并推广养殖废水处理技术，提高养殖用水利用率；鼓励开展屠宰废水等农产品加工废水无害化处理和循环利用。引导农业投入品科学施用。实施"到 2020 年化肥使用量零增长行动"，优化配置肥料资源，合理调整施肥结构，大力推进有机肥生产和使用，扩大测土配方施肥规模，推广化肥机械深施、种肥同播、适期施肥、水肥一体化等技术，提高化肥利用率；科学配制饲料，提高饲料利用效率，规范饲料添加剂使用，加强饲用抗生素替代品的研发和使用，逐步减少饲用抗生素用量；鼓励采用先进的创意、设计、工艺、技术和装备，减少木材加工、林产化工生产过程中能源、原材料和投入品消耗，提高木材利用效率。

促进农业领域节能降耗。加快淘汰高耗能老旧农业机械和渔船，有效开展农机和渔船更新改造；大力发展农林牧渔节能、节水技术，逐步淘汰高耗能落后工艺和技术装备；推动省柴节煤炉灶的升级换代；鼓励农业生产生活使用生物质能、太阳能、风能、微水电等可再生能源。

2）推进生产过程清洁化

加强农业面源污染防治。实施"到2020年农药使用量零增长行动"，大力推进统防统治和绿色防控，全面推广高效低毒低残留农药及现代施药机械，科学精准用药；合理使用化肥、农药、地膜，严禁使用国家禁止的高毒、高残留农药，减少农业面源污染和内源性污染；推广雨污分流、干湿分离和设施化处理技术，推广应用有益微生物生态养殖技术，控制畜禽养殖污染物无序排放；支持在重点富营养化水域，因地制宜地开展水上经济植物规模化种植、采收和资源化利用。

推进农产品加工和林业清洁生产。农产品加工，特别是食品加工企业要加大推广清洁生产力度，确保食品安全。提高林业生态功能，推动木竹藤材加工、人造板、木地板、防腐木材、木家具、木门窗、木楼梯、木质装饰材料等木材加工和林产化学加工企业清洁生产，推广林业生物防治、环保型木材防腐防虫、木材改性、木材漂白和染色、制浆造纸、林产化学产品制造技术，减少木材化学处理的化学药剂用量，减少环境污染。

3）推进产业链接循环化

构建农业循环经济产业链。推进种养结合、农牧结合、养殖场建设与农田建设有机结合，按照生态承载容量，合理布局畜禽养殖场（小区），推广农牧结合型生态养殖模式；鼓励发展设施渔业及浅海立体生态养殖，推进水产养殖业与种植业有效对接；重点推广农林牧渔复合型模式，实现畜（禽）、鱼、粮、菜、果、茶协同发展；培育构建"种植业—秸秆—畜禽养殖—粪便—沼肥还田""养殖业—畜禽粪便—沼渣沼液—种植业"等循环利用模式。

构建林业循环经济产业链。推广林上、林间、林下立体开发产业模式。鼓励利用在采伐、抚育、造材及加工木、竹、藤过程中产生的废弃物和次小薪材，生产人造板、纸、活性炭、木炭、竹炭、酒精等产品和生物质能源；鼓励对废弃的食用菌培养基进行再利用；鼓励利用城市园林绿地废弃物进行堆肥，生产园林有机覆盖物，生产生物质固体成型燃料、人造板、制作食用菌棒等；鼓励经济林和果树修剪枝丫材、林产品加工副产品等资源化利用。发展城市屋顶绿化、建筑墙体垂直绿化、阳台菜园等，增强吸附空气污染物、缓解城市"热岛效应"的生态功能，拓展绿色空间。

构建复合型循环经济产业链。大力推进农产品精深加工和高效物流冷链等现代物流体系建设。支持集成养殖深加工模式，发展饲料生产、畜禽水产养殖、畜禽和水产品加工及精深加工一体化复合型产业链。推进种植、养殖、农产品加工、生物质能、旅游等循环链接，形成跨企业、跨农户的工农复合型循环经济联合体。发展林板一体化、林纸一体化、林能一体化和森林生态旅游。构建粮、菜、果、茶、畜、鱼、林、加工、能源、物流、旅游一体化和第一、第二、第三产业联动发展的现代复合型循环经济产业体系。

4）推进农林废弃物处理资源化

推进农村生活废弃物循环利用。鼓励因地制宜建设人畜粪便、生活污水、垃圾等有机废弃物分类回收、利用和无害化处理体系；鼓励有条件的地区建立完善"村收集、镇中转、区域集中处理"的农村垃圾回收、循环利用与无害化处理系统。

推进秸秆综合利用。各地要根据当地农用地分布情况、种植制度、秸秆产生和利用现状，鼓励农户、新型农业经营主体在购买农作物收获机械时配备秸秆粉碎还田或捡拾打捆设备，鼓励有条件的企业和社会组织组建专业化秸秆收储运机构，从而健全服务网络。重点推进秸秆过腹还田、腐熟还田和机械化还田。进一步推进秸秆肥料化、饲料化、燃料化、基料化和原料化利用，形成布局合理、多元利用的秸秆综合利用产业化格局。

推进畜禽粪便资源化利用。推动规模化养殖业循环发展，切实加强饲料管理，支持规模化养殖场、养殖小区建设粪便收集、贮运、处理、利用设施；积极探索建立分散养殖粪便储存、回收和利用体系，在有条件的地区，鼓励分散储存、统一运输、集中处理；推广工厂化堆肥处理、商品化有机肥生产技术；利用畜禽粪便因地制宜发展集中供气沼气工程，鼓励利用畜禽粪便、秸秆等多种原料发展规模化大型沼气、生物天然气工程，推进沼渣沼液深加工，生产适合种植的有机肥。

推进农产品加工副产物综合利用。鼓励综合利用企业与合作社、家庭农场、农户有机结合，促进种养业主体调整生产方式，使副产物更加符合循环利用要求和加工原料标准，把副产物制作成饲料、肥料、微生物菌、草毯、酒精和沼气等，构建"资源—产品—副产物—资源"的闭合式循环模式，实现综合利用、转化增值、改良土壤和治理环境的目标。推进加工副产物的高值化利用，支持企业进行技术改造，充分开发加工副产物的营养成分，提高产品附加值。建立副产物收集、处理和运输的绿色通道，推进加工副产物向高值、梯次利用升级，提高加工副产物的有效供给和资源化利用水平，减少废弃物排放。

推进废旧农膜、灌溉器材、农药包装物回收利用。建立政府引导、企业实施、农户参与的农膜、灌溉器材、农药包装物生产、使用、回收、再利用各个环节相互配套的回收利用体系。推广应用标准地膜，引导农民回收废旧地膜和使用可降解地膜；支持建设废旧地膜、灌溉器材回收初加工网点及深加工利用项目；建立农药包装物回收、处理处置机制和体系，减少农药包装废弃物中农药残留，防止污染环境。

推进水产加工副产品、废旧网具、渔船等废弃物的资源化利用。推进林业废弃物资源化利用。推动建立废旧木质家具、废纸、木质包装、园林废弃物的回收利用体系，推进废弃竹木的综合利用；鼓励利用森林经营、采伐、造材、加工等过程中的剩余物，建设热、电、油、药等生物质联产项目。

（三）中国农业循环经济的发展模式

我国农业循环经济发展常见模式主要有减量化生产模式、再利用运作模式和再循环链接模式等。

1. 减量化生产模式

减量化是指为了达到既定的生产目的或消费目的而在农业生产全程乃至农产品生命周期（如从田头到餐桌）减少稀缺或不可再生资源、物质的投入量和减少废农用能源和其他化工类农用资料，或使用新型生产资料和技术来代替常规生产资料的技术。中国以推进"五节"高效农业为重点发展农业减量化生产模式。

（1）农业节水

大力推广节水灌溉技术和旱作农业技术，完善建设以节水为重点的大型灌区工程，构建旱作区资源优化与可持续发展的旱作区保护性耕作技术体系，提高降水利用率。在平原地区和山前平原水资源紧缺地区，加快新建灌区节水工程，对原有灌区加快节水灌溉设施配套改造。在丘陵山区旱作农业区，大力发展旱粮生产，发展鲜食型旱粮作物，实现"水田旱种""旱粮下山"。依托农技部门建设旱作农业技术推广中心，推广集雨灌溉农业节水技术，选择适宜地区支持建设雨水集流工程，包括集流面、水窖（池）、输水管（沟）和蓄雨水、深耕蓄水墒等农业蓄雨利用技术。

（2）农业节地

推进土地集约利用，加强耕地资源的保护和利用，加强标准农田管理。推进耕地地力建设，开展土地整理和低产田改造，以"沃土工程"建设为载体，推动耕地综合培肥改良。加强标准农田地力培肥改良，制止耕地常年抛荒。推进标准农田质量检测体系建设，建立标准农田质量档案和数据库，启动标准农田管理地理信息系统。推广立体种植和间作套种技术。以中西部区域为重点实施土地整理工程；以中国大型农业生产基地为重点改造中低产田；加强标准农田地力调查，按耕地综合生产能力对标准农田进行分等定级，提出相应的培肥改良和利用保护措施。建立省级标准农田培肥改良综合示范区。

（3）农业节肥

全面实施"肥药减量增效工程"，抓好测土配方施肥技术的推广应用，建立省、市、县土肥化验测试体系，全面普及测土配方平衡施肥，控制氮肥施用总量。进一步调整优化用肥结构，大力提倡增积增施有机肥，推广配方肥、专用肥、掺混肥等，推进全国优质有机肥应用。以南方为重点推广水肥耦合一体化施肥技术。

（4）农业节药

大力推广节约型施药技术，推广新型植保器械和低容量喷雾技术，全面淘汰老式施药机械。加快推广高效、低毒、低残留农药新品种的应用，大大提高合理施用农药的农田比例。强化病虫害综合防治措施，扩大生物农药、有机农药的使用面积，推广农业有害生物综合治理技术，建成一批无公害农产品生产示范区。建立一批农药减量增效控污示范区。建设农作物生物灾害监测预警体系。

（5）农业节能

加快农业机械的更新换代，积极推广节能增效农机设备、技术，加快农机新机具、新技术的引进，加快省工节本农机技术的应用，提高农机应用水平和农业生产效率。进一步研究和示范推广农机节油新技术新产品，加快节能增效农机技术应用。

2. 再利用运作模式

再利用是指资源或产品以初始的形式被多次使用。例如，畜禽养殖冲洗用水可用于灌溉农田，既达到浇水肥田的效果，又避免了污水随意排放、污染水体环境，主要包括废弃物能源化、肥料化和饲料化。比如，在生态农牧业综合开发中，种植业与畜牧业相结合，加上以沼气发酵为主的能源生态工程、粪便生物氧化塘多级利用工程，可将农作物秸秆等废弃物和家畜排泄物能源化、肥料化，为农牧户提供清洁的生活能源和生产能源，以及清洁高效的有机肥料。有机废弃物饲料化利用生态工程也是再利用运作模式的重点内容之一。近期，我国以推进"三种"农业废弃物资源化利用为重点，发展农业再利用运作模式。

（1）推进畜禽粪便沼气化、肥料化

探索"区域大循环、村庄中循环、农户小循环"模式。区域大循环模式：在畜禽养殖集中区和大型养殖基地，加大力度推进大中型沼气工程建设。加强区域协调，探索沼气利用的新模式，突破沼气规模化利用难题，扩大沼气应用用途和范围，实现沼气的工业化应用，实现"养殖基地集中制沼气，沼气供应加工业作为清洁能源，沼渣、沼液用于效益农田"的镇域范围内的大循环格局。村庄中循环模式：在村庄养殖小区，以大中型沼气建设为重点，在村庄开展集约化沼气工程，建设大中型沼气站，实现"养殖基地集中制沼气，沼气供应农户，沼渣、沼液效益农田"的村庄中循环。推进以村庄为单位的畜禽粪便的资源化利用，提升处理水平，改变我国畜禽粪便处理层次低、资源化利用方式落后的现状。农户小循环模式：推广"农户自建小沼气池，沼气用于农户，沼渣、沼液用于农田"的农户小循环。采用以沼气为纽带的能源生态综合利用技术，将沼气池、畜禽舍、厕所和日光温室有机组合，实现产气、积肥同步发展，"一池三改""四位一体"和"畜—沼—果林菜"循环链，形成"小康示范田圆形"基本模式，建立"家庭厕所—家庭养殖—庄稼秸秆—沼气—农用有机肥—农作物生产"的循环经济模式。

促进畜禽粪便制有机肥。支持养殖基地和小区建设有机肥厂，使畜禽粪便达到无害化和资源化的目的，利用畜禽粪便生产生物有机肥、三维生态有机肥等新型绿色高效复合肥。

加强全国沼气建设。优先发展大中型沼气，积极发展户用沼气。在城郊经济发达地区，重点建设大中型沼气处，推广以"一池三改"和"四位一体"为主要模式的沼气利用；在平原地区，重点推广"一池三改"和"四位一体"模式；在山区和丘陵地带、中西部旱作农业区，重点推广"一池三改""畜—沼—果林菜"和"五配套"模式。

（2）推广秸秆"四化"

秸秆肥料化。推广秸秆快速腐熟还田、机械化直接还田；鼓励发展农作物联合收获、粉碎还田机械化，完善秸秆田间处理体系。秸秆饲料化。针对我国建设畜产品生产大省的需要，鼓励养殖场（户）和饲料生产企业利用秸秆生产优质饲料，大力发展秸秆青贮氨化，形成"种植—秸秆—养殖—粪便—还田—种植"的循环模式，实现循环经济和能流、物流的大循环。

秸秆原料化。鼓励采用清洁生产工艺生产以秸秆为原料的非木纸浆，引导发展以秸秆为原料的人造板材、包装材料、餐具等产品生产；发展以秸秆为基料的食用菌产业，形成"种植—秸秆—食用菌—菌渣—还田—种植"的循环模式；积极发展秸秆编织业。秸秆能源化。支持相关企业建设秸秆发电厂，鼓励支持企业和个人开发使用秸秆压块技术，为秸秆气化、秸秆发电提供服务。发展秸秆沼气，适宜建设秸秆发电机组。推进秸秆气化示范点建设，推广秸秆炭化技术，发展以镇为中心的秸秆炭化基地。

加快建设秸秆收集体系。建立以企业为龙头，农户参与，县、乡（镇）人民政府监管，市场化推进的秸秆收集和物流体系；鼓励有条件的地方和企业建设必要的秸秆储存基地；鼓励发展农作物联合收获、粉碎还田、捡拾打捆、贮存运输全程机械化。

（3）支持林业剩余物材料化

鼓励和支持林业生产者和相关企业采用木材节约和代用技术，开展林业废弃物和次小薪材、沙生灌木等综合利用，发展板材加工等较高水平的资源化利用，提高木材综合利用率。利用丫枝、淘汰更新的果树、秸秆和树皮等林业剩余物生产中高密度板、纤维板、软木地板、板基材等板材，板材加工产业链条继续延伸形成强化木地板、复合地板、贴面板、板式家具生产，构建"林业剩余物—板材—装饰材料、板式家具"循环型产业链。

3.再循环链接模式

再循环是指生产或消费产生的废弃物无害化、资源化、生态化，循环利用和生产出来的物品在完成其使用功能后能重新变成可以利用的资源，而不是无用的垃圾。一类是农畜产品在储存或运输过程中质量发生变化，不能按原有用途消费，可经过分类处理改变用途，既减少农牧业通过最终产品向系统外输出污染物，又增加可利用的物质与能源来源，如变质水果和蔬菜类可转化成肥料、次等粮食可加工成酒精。另一类是从保护生态环境的角度出发，将农畜产品加工成环保农牧业生产资料，如可降解地膜、营养钵、生物柴油等生物产品。近期，我国正在推进多种模式的再循环链接形式。

（1）循环农业园区发展模式

农业园区是近两年才兴起的，为实现企业集群效应，把各类相关企业聚集到园区内。农业园区的建设，一方面可以产生巨大的经济效益和社会效益，另一方面也意味着将产生更多的垃圾，形成更大的污染源。如何实现园区废弃物综合利用，有效控制园区污染，是今后一段时间园区要解决的重要问题。

园区建设也是农业循环经济发展的有效载体，要围绕农业循环型园区建设，大力推动我国农业循环经济的发展。农业园区循环经济模式是以园区作为一个系统，在园区建设初期，综合规划园区内热电能源的梯级利用系统，通过严格筛选进园项目，把各类农业生产及加工企业聚集到园区。同时聚集上下游企业实现生产企业梯级链接，在纵向拉长产业链的同时横向耦合相关产业，使企业之间产品能配套、废物能循环，形成企业间共生发展模式。

借鉴北美发展生态工业园区的成功经验，以及国内雁门关生态畜牧区产业循环经济发展模式、上海市崇明区前卫村多功能联动的农业园区模式等典型代表，考虑到循环农业产业链延伸的特点，根据我国各地农业循环经济园区规划设计的思路和实践经验，系统归纳每个典型模式的特点和取得的成效，以循环农业园区为方向的整体农业循环模式包括以下4种类型：粮食主产区，生态种养区＋生态工业区＋生态居住区；特色产业基地，生态种养区＋生态工业区＋生态旅游区；农牧交错区，生态种养区＋生态工业区＋生态保护区；经济发达地区，生态种养区＋生态工业区＋生态居住区＋生态旅游区。

（2）特色牲畜养殖集中区模式

在广大的东北、华北和长江中下游平原，推广具有地域特色的牲畜养殖集中区农业循环经济发展模式。以生产要素为基本纽带，将具有上下游共生关系的农业种养殖和加工企业集中在一定区域内，实现产品和有害污染物在园区的闭路循环。围绕秸秆资源大力发展牲畜养殖，围绕牲畜粪便大力推进沼气建设，围绕种养殖业废弃物开展食用菌栽培，围绕牲畜养殖大力发展畜产品加工，围绕养殖业需求大力发展生态牧草种植，在养殖集中区域内构建"秸秆—养殖—粪便—沼气—种植（牧草）—养殖""秸秆—养殖—粪便—食用菌—种植—养殖""养殖—加工—废弃物资源化"等循环经济链条。

通过推广特色牲畜养殖集中区循环经济发展模式，基本实现以经济效益突出、资源生产率高、废弃物资源化率高、"三废"趋向零排放为特征的循环经济发展模式，构建产品代谢链和废物代谢链和生态环境保护体系，建成现代、安全、绿色的畜牧产业，形成"一园多区"的循环经济发展框架——循环经济示范园区：养殖区（基地）、加工区、废物处理区、牧草种植区。

（3）农业龙头企业循环经济模式

随着我国工业的发展、科技的进步，近几年，农业龙头企业如雨后春笋般在全国各地蓬勃发展，同时也给环境造成了巨大污染。据统计，我国仅猪、牛、鸡三大类畜禽粪便年排放化学需氧量（COD）就高达6900多万吨，是全国工业和生活污水COD排放量的5倍以上，成为首要污染源。

农业龙头企业循环经济模式是把企业作为一个循环系统，在企业内实现生态循环。龙头企业的资源包括水、电、暖、生产用原材料等，中间产品为农产品加工产品，废弃物包括工人生活垃圾及生产过程中产生的固、液、气等废弃物。以畜禽养殖龙头企业为典型进行循环经济模式设计，其设计思路是：以沼气池为核心，规模畜禽养殖，产生大量畜禽粪便，通过沼气池对畜禽粪便进行处理，产生沼气用于发电，部分电供企业内使用，部分电可以向周围住户及企业销售。沼气也可以罐装储存，向居民销售液化气用于炊事。另外，沼气池发酵产生的 CO_2、CH_4 通过申请 CDM 项目可以向发达国家销售减排指标。沼气池产生的沼渣、沼液通过技术处理，生成绿色肥料，部分用于企业承包的农田，生产畜禽所需饲料，部分向其他企业或农户销售。

（4）生态观光型农业园区模式

在城市近郊区，发展具有生态农业特色和农业观光功能的生态观光型农业园区。实行农牧结合，充分利用园地（农业园区、林地、果园、茶园、桑园）等；以园区为单位，把种植、养殖、渔业、沼气有机结合在一起，形成了典型的"粪—沼（菌）—粮、果、菜""粪、秸秆—双孢菇—有机肥""粪—沼（菌）—鱼""草—鹅—肥料—果、菜""粪—沼（菌）—精品花卉"等生态农业模式，发展城市休闲和观光农业。

二、工业循环经济

在工业领域全面推行循环型生产方式，实施清洁生产，促进源头减量；推进企业间、行业间、产业间共生耦合，形成循环链接的产业体系；鼓励产业集聚发展，实施园区循环化改造，实现能源梯级利用、水资源循环利用、废物交换利用、土地节约集约利用，促进企业循环式生产、园区循环式发展、产业循环式组合，构建循环型工业体系。2015 年，单位工业增加值能耗、用水量比 2010 年分别降低 21%、30%，工业固体废物综合利用率达到 72%，50% 以上的国家级园区和 30% 以上的省级园区实施了循环化改造。

（一）企业循环经济

企业是发展循环经济的主体。企业发展循环经济不仅是时代所需、环境所迫，对于实现经济、社会和环境的协调发展具有重要意义，而且是企业自身持续发展的必然选择。

（1）企业发展循环经济是企业获得持续经营能力的战略选择。

企业是经济运行的微观主体之一，既是产品和服务的直接提供者，又是污染物的直接排放者。在人类社会由农业社会向工业社会转变的过程中，企业，尤其是工业企业是工业经济活动的主要组织者，在利润最大化目标的驱动下，以牺牲资源和环境为代价，造成和加深了社会经济发展与资源、环境承载力的矛盾。当前，这一矛盾已经日趋激化，不仅威胁着企业自身的生存，也威胁着人类的生存和发展。

企业只有及时进行自我调适，树立循环经济观念，进行制度和技术创新以推进循环经济发展，才能适应不断变化的环境，缓解上述矛盾，获得持续经营能力。

企业发展循环经济，对其产品从资源节约和绿色环保角度出发组织生产，实施清洁生产，以资源综合循环利用为主干培育产业树，可以降低资源消耗，减少对环境的污染。这不仅具有巨大的社会环境综合效益，而且有利于企业实现规模经济和范围经济，获得长期盈利能力和持续发展能力。

企业发展循环经济可以降低产品成本，提高企业的经济效益，增强企业的竞争力。据统计，我国工业产品能源、原材料的消耗占企业生产成本的75%左右，每降低1个百分点，就能取得100多亿元的经济效益。企业实践循环经济的理念，通过采用和推广无害或低害新工艺、新技术，降低能源和原材料的消耗，实现投入少、产出高、污染低的生产流程，可以提高资源的利用效率，降低生产成本，进一步凸显成本领先优势，增强企业的持续竞争优势。

总之，企业按照自然生态系统的模式进行生产经营活动，实现"自然资源—清洁生产—绿色产品—再生资源利用—绿色产品"的闭路循环，使整个生产经营过程基本上不产生或只产生很少的废弃物，以求得企业的持续发展，这已是当务之急。

（2）企业发展循环经济是企业自我调适，适应环境变化的战略举措。

企业是环境的产物。现代企业是人类社会技术变革和制度变迁的结果，而这些变化也与人类社会赖以生存和发展的自然环境密切相关。适者生存，企业要生存和发展，必须能够适应环境的变化。企业是从事生产、流通或服务性活动的独立核算的经济单位。企业具有经济、社会和环境三重责任。按照传统的生产过程末端治理范式，企业（尤其是私营企业）几乎只有经济责任，而且主要是为产权所有者谋取利益。但是，随着环境问题日益突出，企业不仅要承担经济责任，还要承担社会责任和环境责任。社会责任主要是指保护员工权益、遵守商业道德、捐助公益事业、发展慈善事业等；环境责任是指保护环境和节约资源。只有同时承担起经济、社会和环境三方面责任的企业，才算得上是优秀的企业。

不同产业中的企业，虽然在资源消耗量和废物排放量上差别很大，但所有的企业都在消耗资源、排放废物，毫无例外地都要承担环境责任。从世界各国对环境保护的实践看，最早的做法都是政府制定法律、法规，提出若干指标和奖惩办法，督促企业执行。在指标方面，侧重的是废气、废水和固体废物的数量和几种污染物的含量。如果企业因治理不到位而"超标"，就得按规定缴纳罚款。但这笔费用对企业的正常运转一般不会造成大的影响，因此环境保护工作不能引起企业决策层的应有关注。后来，由于环境问题在全球范围内日益突出，人类赖以生存的各种资源从稀缺走向枯竭，以资源稀缺性为前提所构建的天人冲突范式（以末端治理为最高形态）逐渐向天人循环范式（以循环经济为基础）转变，人们逐渐认识到要想有效地保护环境，必须把注意力从"末端"转向"源头"、从企业内扩展到企业外。因此，现在的环保工作已经从一般性管理工作变为企业核心业务和战略决策的一部分。

从具体实践看，与世界各国最初采取的措施基本一致，我国实施了"谁污染、谁治理""谁开发、谁保护"的排污许可证制度、污染损失赔偿制度、排污收费制度。企业在强大的环保约束面前，大都把注意力集中在已经产生的污染物上，采取"末端治理"的方式来处理"三废"问题，虽然取得了一定的环保效果，但也产生了一些问题：一是环境监督管理部门监督成本过高；二是环保设施初始投资大，运行治理成本高，给一些中小企业带来沉重的经济负担；三是治理技术难度大，很多中小企业无力实施，"偷排"现象时有发生。因此，企业发展循环经济，实行清洁生产，从源头上减少污染物的产生，是企业自我调适、适应环境变化的治本措施。

（3）企业发展循环经济是提升自身竞争能力和持续盈利能力的战略举措。

企业在新古典经济学中被视为生产函数，其目的是利润最大化。为此，企业必须以最小的投入获得最大的产出。原材料和能源是企业投入的主要构成部分，在生产规模一定的情况下，企业的生产成本不仅取决于投入要素的数量，还取决于投入要素的价格。随着经济的发展，资源尤其是非再生资源日益短缺，资源价格不断攀升，企业的市场竞争力日益受制于资源投入产出率。

改革开放以来，我国经济保持了多年持续快速增长，但经济增长方式还有不科学的地方，高投入、高消耗、高排放、高污染、低效率、低回报的状况一定程度上存在，经济增长不仅付出了沉重代价，而且开始达到增长的极限。在目前的经济增长模式下，除了环境污染严重外，我国自然资源支持体系也已经无法持续地发挥有效作用。

近几年来，南方多省拉闸限电，石油、铁矿石、铜、铅等原材料供应十分紧张，进口大幅度增长。这些事实已经表明，中国已无法满足迅速膨胀的资源需求，资源约束矛盾十分尖锐。实际上，我国资源总量和人均资源量都严重不足。在资源总量方面，我国石油储量仅占世界的 1.8%，天然气占 0.7%，铁矿石不足 5%，铅矿不足 2%。在人均资源方面，我国人均矿产资源是世界平均水平的 50%，人均耕地与草地是 13%，人均水资源是 31%，人均森林资源是 1/5，人均能源占有量是 17%，其中石油占有量是 1/10。据预测，到 2020 年可以保证消费需求的矿产资源只有 9 种，届时我国石油缺口将达 2.5 亿~4.3 亿吨。尽管如此，我国的资源利用效率仍很低，浪费严重，经济增长不"经济"，中国每创造 1 美元 GDP 所消耗的能源是美国的 4.3 倍，是德国和法国的 7.7 倍，是日本的 11.5 倍；中国的能源利用率仅为美国的 26.9%、日本的 11.5%。迅速膨胀的资源需求，拉动了能源和原材料价格持续上涨。从 2003 年秋粮涨价开始，国家从环保和安全方面考虑关闭小煤窑，保护了国有大煤矿的利益，促使煤炭供应紧张，价格上扬超过 30%。2004 年国际原油市场风云突变，随之而来的是汽油、柴油、燃气、钢材、水泥、化肥、农药、塑料、化纤、橡胶、化工原料等能源和原材料大面积涨价，与人们生产生活息息相关的水、电也在涨价之列。能源和原材料涨价对我国企业生产的影响主要是企业产品成本的增加，在产品的销售价格基本保持不变的情况下，企业盈利空间缩小。有的企业为保住客户不惜亏本生产和销售，有的企业被迫停产或半停产。在出口领域，仅 2004 年能源和原材料的价格上升就导致了中国产品的成本增加了大约 60 亿美元，约占当年 GDP 的 0.4%。为了保持经济的可持续发展，中国不得不争取其出口产品的定价权，或者加大中国经济对能源的依赖程度。在这种背景下，企业只有通过发展循环经济、提高资源的利用效率、减少经济发展对资源的过分依赖，才能打破资源和能源价格上涨对企业进一步发展的制约，改变传统的"高投入、高消耗、高污染"经济模式，增强企业的竞争优势，提升企业持续盈利能力。要求企业发展循环经济也是我国寻求资源可持续发展的必由之路。

（4）企业发展循环经济是我国企业跨越绿色贸易壁垒的战略选择。

随着世界环保运动的深入开展，绿色产业蓬勃发展，绿色贸易席卷全球，绿色消费成为潮流。有关研究表明，77% 的美国人表示企业的绿色形象将会影响他们的购买欲，94% 的意大利消费者表示在选购商品时会考虑绿色因素，82% 的德国消费者和 67% 的荷兰消费者表示在购物时会考虑环保问题。在"禽流感"疫情发生之后，人们选择产品的标准正在由传统的是否"物美价廉"向"是否环保、是否无污染、是否无公害"方面转变，绿色产品正在成为消费者的首选产品，"绿色消费"成为 21 世纪的新主题。但是，在绿色消费成为新的消费潮流的同时，国外消费者的绿色消费理念对我国企业产品出口的制约却越来越严重。不仅如此，当前发达国家还在资源、环境等方面设置了发展中国家目前难以达到的技术标准，不仅要求末端产品符合环保要求，而且规定从产品的研制、开发、生产到包装、运输、使用、循环利用等各环节都要符合环保要求。以节能为主要目的的能效标准、标识已成为新的非关税壁垒。目前我国已成为"绿色壁垒"等非关税壁垒的最大受害者之一。据不完全统计，我国数百个品种、

50 多亿美元的出口产品因保护臭氧层的有关国际公约而被禁止生产和销售，40 多亿美元的出口产品因主要贸易对象国实施环境标志而面临市场准入问题，全国每年有 70 多亿美元的出口因"绿色壁垒"被禁止。发展循环经济，跨越"绿色壁垒"成为我国保证经济持续增长的当务之急。

1. 水资源的循环利用

针对流域水污染治理和污水再生利用面临的突出问题，本研究在分析传统城镇水系统和污水再生利用模式及其存在问题的基础上，提出了区域水资源介循环（Water meta-cycle）利用模式，以期为解决水资源短缺、水环境污染和水生态破坏等突出问题提供新的路径。

（1）传统的城镇水系统与污水再生利用模式

1）传统的城镇水系统

目前的城镇水系统绝大多数都采用取水—供水—用水—排水—污水处理—排放的单向线性模式。

该模式的特点和不足：从区域外取水，向区域外排水，水单向流动和单次利用，供水和排水系统分离，没有形成水循环利用体系，水资源利用率低；供水管网单一，供水水质单一，难以实现按需、按质供水；工业废水和生活污水混合处理，导致水质安全保障困难，限制了污水回用和污泥资源化利用。在多数城市，特别是工业园区和县镇，不同种类的工业废水混合收集后与生活污水一起进入综合污水处理厂进行集中处理，从而导致了综合污水处理厂运行不稳定、水质安全难以保障等突出问题；将污水作为污染物进行处理，其目标主要是达标排放，而水、有机物和无机盐等污水内含资源却没有得到充分利用，造成资源浪费。

2）传统的污水再生利用模式

污水再生利用是提高水资源利用效率、防止水环境污染的有效措施，越来越受到国内外研究者的重视，再生水的利用途径也越来越广泛，间接补充饮用水（补充水源）逐步开始被接受。在澳大利亚，再生水开始用于洗衣机用水；在美国、新加坡和纳米比亚等国家的某些城市，甚至已经实现污水直接饮用回用。污水再生利用系统具有污水处理和给水处理的双重定位和性质，其与污水处理和给水处理既有相似之处，又有明显差别。污水再生利用系统是一个污水处理系统，但与传统的污水处理系统的显著差别在于，其处理后的出水不是达标排放，而是有明确的用户。也就是说，污水再生利用系统的出水具有"产品"的属性，满足安全性、功能性和经济性等基本要求。

污水再生利用系统也是一个供水系统，但与其从水源取水生产单一水质自来水的传统供水系统有明显差别。污水再生利用系统以污水为水源并将其转化为可使用的水资源，水源性质更复杂，所含有污染物种类多、浓度高、危害大，水质安全保障更具挑战性；不同回用用途对再生水的水质要求也不同，导致用户水质要求多样，系统设计和运行管理更加复杂。

综上所述，与自来水供水系统相比，污水再生利用系统在水质安全保障上面临的挑战更大、更复杂，对研究手段、技术和工艺及水质监管的要求更高，因此需进行比给水处理更全面、深入、系统、精细的研究，根据污水再生利用的特点，进行系统设计和运行管理。城镇污水再生利用系统设计与管理需充分考虑其自身的特点，但是在实践中仍存在很多亟待解决的问题。传统的污水再生利用是一种基于人工强化的水回用（Water reuse）系统，其基本特点是再生水的直接、单向和单次利用，没有形成水的循环利用（Water recycling）或闭环循环。同时，传统污水再生利用系统还存在以下不足：再生水的自然属性欠缺，水质安全难以保障，公众心理难以接受；再生水不同用途相互独立，利用效率不高；再生水的工业和生活利用与生态利用没有兼顾。因此，解决传统城镇水系统和污水再生利用模式存在的问题，实现水资源可持续利用，保障用水水质和水环境安全成为了重要的课题。

（2）再生水的生态媒介循环利用

为提高再生水的自然属性和利用效率，保障水质安全，基于生态系统特点和污水再生处理生态工程技术研究成果及应用实践，建议研究、开发并实施再生水生态媒介循环利用方式。再生水生态媒介循环利用方式的核心：经过工程措施处理得到的再生水首先进入人工强化调控的生态系统（如人工湿地、氧化塘、河湖景观水系等），之后经过自然储存和净化后再循环利用于工业、生活和农业用水。

再生水生态媒介循环利用方式既保障了生态用水，又净化了水质，在提高再生水利用效率的同时，也提高了再生水的水质安全性；同时，将通过工程措施得到的再生水（工程再生水）转变为"生态再生水"，可以提高公众心理接受程度；另外，该模式实现了生态用水和工业、生活用水的梯级利用，平衡了工业和生活用水与生态用水间的矛盾，兼顾了各种需求。

人工湿地、氧化塘、河湖景观水系等人工强化调控生态系统是再生水生态媒介循环利用的核心，但其与再生水的生态环境与景观利用在目的和功能上有所差别：该系统不是再生水的终极利用目标，而是污水再生利用的中间环节，具有水质净化和水量储存（生态储存）等功能，相当于城市的第二水源，即"非常规水源"。同时，其水质目标和技术要求也根据后续利用目的的不同而不同，因此工程设计、运行维护和水质保障技术措施也不同。

（3）区域水资源介循环的概念与特征

1）介循环的基本概念

基于再生水生态媒介循环利用方式，融合企业和家庭、社区内部及企业间和区域层面的水循环利用，本研究提出了区域水资源介循环利用模式。

介循环是一种人工强化生态调控的区域水资源多阶多元循环利用模式。通过企业、家庭和社区等局部单元内的水循环利用，工业和城市等社会系统尺度内的污水再生处理与直接利用，以及区域层面上再生水的生态媒介循环利用等，促进不同层阶和不同用途水循环利用的有机衔接与耦合，实现再生水的安全生产利用及区域尺度上水资源的闭循环利用和趋零排放，以保障水环境安全，促进可持续发展。介循环中的"介"，一是寓意"媒介"和"衔接"，体现再生水的生态媒介循环利用以及不同层阶和不同用途水回用间的关联、融合；二是和"阶"谐音，寓意多阶多元，体现生态学中"元"（Meta）的概念。

2）介循环的结构特征

根据介循环的定义可知，其本质是一个不同层阶和不同用途水循环利用的嵌套耦合系统。介循环包括局部过程、社会系统和区域生态三个不同尺度的三阶水循环利用。

一阶循环，即区域生态循环，主要指再生水用于河流、湖泊和湿地等的生态补水，以及生态媒介利用。二阶循环，即社会系统循环，主要指区域范围内的污水再生处理与再生水直接回用。在工业上体现为工业园区层面（企业间）或工业生态系统内（行业间）的水循环利用；在市政和生活上体现为城市系统内的水循环利用，比如城市污水再生处理及再生水的洗车、冲厕等直接城镇杂用。三阶循环，即局部过程循环，主要指生产或生活单元内部的水循环利用。在工业上体现为企业内部的梯级利用和循环利用，在生活上体现为家庭内或社区内的水循环利用，在农业上体现为农业农田灌溉的水循环利用。

3）介循环的基本目标

根据介循环的定义可知，其目标是实现再生水的安全生产利用、区域尺度上水资源的闭环循环利用和趋零排放。安全生产主要表现为再生水的安全、高效、可靠和智能利用。再生水利用面临的潜在安全问题主要有水质安全、水量保障和事故防范。

污水中存在种类繁多、性质及危害性各异的污染物，除常规的无机盐和有机污染物外，还存在对人体健康和生态系统有很大危害性的污染物，如病原微生物、氮磷等植物营养物质、有毒有害污染物（如重金属、微量有毒有害有机污染物）等。因此水质安全（包括对人体健康的影响、对生态环境的影响和对生产安全的影响）是保障再生水利用的关键和前提。

再生水的高效利用主要包括优化污水再生处理工艺和再生水利用途径，降低再生利用能耗，提高水资源利用效率。主要措施包括根据"分质供水、低水低用、高水高用"的原则，科学协调和平衡水质安全与能耗的关系。通过区域内不同用途的优化配置和不同层阶循环利用的嵌套耦合，优化水循环利用系统设计（用途、水量、水质），降低水循环利用系统的资源能源消耗。在保证水质安全的前提下，优选处理技术和工艺组合，通过自动化和信息技术优化运行管理，提高再生处理系统的能源效率，减少碳排放。以充分利用污水中的内含资源和能源为目标，研究、开发和利用包括污水源头分质收集和输送技术、污水精炼技术、水质生态净化技术在内的污水资源能源化新原理、新技术和新工艺，提升区域污水系统的综合效益。

再生水的可靠利用主要是指按照全过程风险管理原则，对污水排放，特别是有毒有害工业废水排放（再生水水源）、再生处理工艺、再生水储存与输配及利用环节进行科学、规范管理，提高系统运行的可靠性。再生水的智能利用主要是指通过现代水质检测理论和技术，实现再生水水质的多参数在线监测和预警，以保障再生水利用的安全性和可靠性。

（4）介循环与相关概念的辨析

在水文与水资源领域，把水的循环分为自然循环和社会循环。水的自然循环是指在地球上，由蒸发和蒸腾、水汽输送、降水、下渗、地表径流和地下径流等一系列过程和环节形成的庞大的水循环系统，主要分为海上水循环、海陆间水循环和陆地水循环。陆地水循环是指陆地水经蒸发和蒸腾作用被带到高空，再经降水过程返还陆地的循环，该类循环主要存在于内陆地区。

与水循环相关的其他术语和概念不同，介循环是区域尺度上水资源循环利用的一种复合模式，以再生水的生态媒介循环利用为核心，以实现区域水资源闭环循环利用和趋零排放为最终目标，是水的社会循环的一部分，对促进健康水循环的形成有积极的意义。

2. 能量系统的集成

分布式冷热电联供系统（CCHP 系统）的构成特点：输入与输出的能源形式以及内部的构成形式均具有显著的多样性。CCHP 系统是由多种形式的热力过程和多个供能系统所集成的总能系统，其内部相对独立的各个热力子系统之间存在大量的能量、物质传递和交换过程。

（1）基于能的综合梯级利用的系统集成

热能品位对口，梯级利用。CCHP 系统中，通常高品位的热能多来自化石燃料燃烧；而中低品位的热能主要来自联产系统上游某热力子系统的输出，但有时也可能来自联产系统相关外界的可再生能源系统或外界环境。因此，在利用中温和低温热能时，需要对用户的需求以及各个热力子系统的功能进行仔细分析。动力子系统输出高品位的电，因而对输入热能的品位要求很高；对于吸收式制冷机和吸收式热泵而言，需要的热源温度则更低一些，如双效溴化锂吸收式制冷机要求热源温度在 120℃ 左右；而用户需要的生活热水和供暖所需的热源温度只有 60℃ 左右。可见，燃料燃烧产生的高热量应优先用于提供给动力子系统，做功发电；经过这一级利用后，再为吸收循环提供热源，驱动制冷或热泵；温度进一步降低后，再通过简单换热生产热水。经过上述若干级热能利用后，动力子系统排气中余热的品位大幅度降低，可利用的数量也大幅度减少，利用价值显著下降，无利用意义的余热最后被直接排向环境。

正循环与逆循环耦合。分布式联产系统常常是由多个循环集成得到的总能系统，其所采用的循环基本上可分为两大类，即正循环和逆循环。动力子系统的功能在于输出电，目前普遍采用的传统热转攻系统属于正循环。制冷子系统通常是利用动力子系统的余热驱动的吸收式制冷循环，输出低于环境温度的冷量，属于逆循环。在CCHP系统中，正是通过正循环和逆循环的耦合来实现冷热电的多能源供应。正逆循环耦合的关键在于两循环之间在能量传递与转换利用时，量与质同时优化匹配，以最大化降低能量转换利用过程的损失。通常，动力正循环和制冷逆循环运行的温度区间分别位于环境状态以上和以下，两者具有多方面的互补性。在此基础上，将动力系统与制冷系统进行集成，构成正逆耦合循环，即制冷系统的高温换热器充当动力系统的低温热源，而动力系统的排热充当制冷系统的高温驱动热源，两种系统的有效整合可大幅度提高联产系统的性能。

热力循环与非热力循环耦合。高温燃料电池等新型动力系统，采用的不是传统意义上的热力循环。若把它们和传统热力循环耦合，则可以充分实现燃料的化学能与物理能综合梯级利用，达到更高的能源利用率。燃料电池可以单独作为联产系统的动力子系统，也可以与传统热机（如燃气轮机、内燃机等）共同构成复合动力子系统。单独作为动力子系统时，燃料的化学能在燃料电池中直接转换为电，未转化部分可在余热锅炉、余热型机组等热量回收装置中通过二次燃烧转化为热能，然后与来自燃料电池的高温热能混合，再通过制冷子系统、供热子系统对其进行梯级利用。在由复合动力子系统驱动的联产系统中，未被燃料电池有效利用的化学能在后面流程的热机中燃烧转化为热能，再与上游的高温热能混合，共同进行热功转换，最后用于制冷、供热。与传统热机构成的联产系统相比，这种热力循环与非热力循环耦合的联产系统增加了对化学能的直接利用，降低了燃料利用过程中的品位损失。

中低温热能与燃料转换反应集成。在CCHP系统集成时，可利用合适的热化学反应（如重整或热解）对燃料进行预处理，而且该过程可与尾部的热力系统整合在一起。对燃料进行热化学预处理，可将较低品位的热能转化为合成气燃料的化学能，以合成气燃料的形式储存，然后通过合适的热机实现其热转攻。燃料化学能，如甲烷或甲醇的化学能，可以通过水蒸气重整反应转化为氢气的化学能，将反应吸收的热能转变为合成气燃料的化学能。上述过程可在大幅提升热能品位的同时，使燃料更清洁、更易于利用，并增加热值。这种集成方式显著提高了整个联产系统的热力学性能，同时为高效利用太阳能或系统中的中温和低温余热提供了新途径。

（2）能源、资源与环境的综合互补

多能源互补。可再生能源具有分布广、能量密度低、不稳定、无污染等特点，而化石能源则具有分布不均匀、能的品位高、可连续供应、有污染等特点。因此，太阳能、地热能、生物质能等可再生能源与化石能源有很强的互补性，在CCHP系统中有广泛的应用前景。通过太阳能与化石燃料的互补，提供合适温度的热能，既可以减少化石能源的消耗量，又可以使集热器具有较高的集热效率。由于地质条件的差异，可以根据不同地区提供的地热能温度，将地热能导入联产系统。生物质能与化石燃料也可以一起构成双燃料系统，通过生物质的气化或直接燃烧利用，减少联产系统对化石燃料的消耗。燃料能源与环境能源整合。CCHP系统与外界存在物质和能量的交换，而它的中温和低温热能利用子系统与外界进行的交换主要是热能交换。在进行系统设计配置时，应根据当地具体的技术、经济、环境条件，尽可能结合周围的环境热源进行统筹安排。环境热源通常是指系统附近的环境水热源和空气热源。用吸收式热泵替代简单的余热锅炉，使环境热源的温度提升到可以利用的水平，能大幅度提高中品位热能的利用效果；也可以有效利用环境作为冷阱，起到改善联产系统效率的作用。城市中水和污水温度相对空气温度较高，而且较地表水稳定，具有比较好的可用性。

（3）基于全工况特性的联产系统集成

工况的改变一般会使联产系统的性能降低，而偏离设计工况越远，联产系统性能下降得越明显。为了缓解工况的改变对联产系统性能的负面影响，应在进行联产系统集成时考虑基于全工况特性的系统集成原则与必要措施。

输出能量比例可调的集成措施。CCHP系统面向的是小范围的用户，其冷、热、电负荷通常存在较强的动态性，需要对相应的联产系统输出进行调整。可以根据用户能源需求的变化情况采取措施，调节不同子系统的能源输入量，进而控制不同子系统的输出，使系统的输出可以满足用户的需求，这样一来，联产系统的全工况性能就能得到明显改善。例如，采用燃气轮机注蒸汽（STIG）技术将余热产生的蒸汽部分返回到燃气轮机中做功，通过改变回注蒸汽量来调节系统冷热负荷与电负荷之间的比例，进而改善联产系统的全工况性能。也可以采用可调回热循环的联产系统集成措施。可调回热循环燃气轮机透平出口的高温燃气分成两股：一股燃气进入回热器，回收热能用于预热压气机出口的空气；另一股燃气被直接引到回热器的燃气出口侧，与回热器出口的燃气重新混合，然后共同进入余热锅炉。系统尾部的余热锅炉回收排气中的余热，用于供热或制冷。可根据用户的需求对通过回热器的烟气量进行调整，增强联产系统的负荷应变能力，改善系统的全工况性能。

采用蓄能调节手段的联产系统集成。一般说来，小型供能系统在能量供应和需求之间通常存在差异，可分为两种：一种是由能量需求变化引起的，即存在高峰负荷问题，使用蓄能系统可以在负荷超出供应时起到调节或者缓冲的作用；另一种是由供应侧引起的，外界的供应量超过需求量时，蓄能系统就担负着保持能量供应均衡的任务。

蓄能不但可以消减能量输出量的负荷高峰，还可以填补输出量的负荷低谷，在CCHP系统中配置的蓄能系统的作用还可以强化。可以利用蓄能实现平衡峰谷和增效节能双重目的。通常，应对用户侧的部分负荷需求时，供能设备效率会明显下降。但是，机组若能与蓄能设备配合，可以始终在高效率的额定工况下运行，多出的输出储存于蓄能装置中，而在用户侧的尖峰负荷时释放出蓄能装置蓄存的能量。因此，集成蓄能的 CCHP 系统既能满足负荷动态变化，又能保持联产系统全工况高效运行，是一种"主动"型能源转换与利用模式。

系统配置与运行优化的系统集成。为适应用户负荷的变化，CCHP 系统通常使用常规分产系统作为补充，合理整合两种系统有利于提高用户能量供应的可靠性，但需要仔细考虑系统的容量和运行方式。为此，可以采用多种系统配置与运行优化模式。多个独立小规模联产系统的优化组合。当用户的需求开始下降时，各个独立的小系统可以依次降负荷，直至全部停运，始终保证同一时间内最多只有一个独立系统处于部分负荷状态，而其他投运的系统均处于满负荷状态，有效地改善整个能量供应系统的性能。

部分常规系统与联产系统的优化整合。当用户负荷需求与联产系统的设计工况偏差较小时，分产系统可以不运行；偏差较大时，联产系统单独运行效率不高，在满足联产系统高效运行的前提下，采用分产系统或分产、联产系统联合运行，使整个能源供应系统的全工况性能尽可能达到最佳配置。

与网电配合的优化运行模式。通过优化配合，既可以降低联产系统的容量，节省建设成本，也可以有效利用常规系统的资源，减少整个系统的运行成本，还可以通过联产系统调峰作用，改善常规电力系统的性能。

3. 固体废物的综合利用

工业固体废物是指在工业生产活动中产生的固体废物，是我国固体废物管理的重要对象。随着我国经济的高速发展、快速的城镇化过程和社会生活水平的提高，以及工业化进程的不断加快，工业固体废物也呈现迅速增加的趋势，全国工业固体废物产生量逐年上升，增长速度很快。2013 年，全国工业废物产生量为 13.4 亿吨，比 2012 年增加 12%，较 2010 年增长近 30%；工业固体废物排放量为 1654.7 万吨，比 2012 年减少 6.1%；工业固体废物综合利用量为 7.7 亿吨。

工业固体废物的污染具有隐蔽性、滞后性和持续性，给环境和人类健康带来巨大危害，对工业固体废物的妥善处置已成为我国在快速经济发展中不可回避的重要环境问题之一。

（1）一般工业固体废物综合利用途径

工业固体废物的综合利用是一种封闭物质循环的思想，是资源多级利用的体现，表现为一种工业的废物在另外一种工业生产中可能是原料。一方面，可以节约资源、保护环境；另一方面，减少了固体废物的堆置和处置，可以在一定程度上解决我国固体废物数量庞大的问题。以下介绍几种较成熟的固废综合利用技术手段：

1）废纸的资源化

造纸工业是污染严重的工业，这种污染从技术上来说是可以解决的，但投资太大。利用废纸造浆，没有大气污染，其对水的污染也容易处理。而且用废纸做原料造纸，每吨可节约木材 2~3 立方米，不仅可以减少环境污染，还可以保护森林资源，减少对生态的破坏。目前废纸的再利用主要是以废纸做原料，通过合理布置、选择制浆工艺和控制参数，生产出质量优良的纸浆来生产再生纸。

2）冶金废渣的利用

冶金工业固体废物主要指各种金属冶炼或加工过程中产生的废渣，从化学成分看，主要含有 SiO_2、CaO、MgO、和 Al_2O 等氧化物。这些固体废物，弃之为害，用则为宝。自 20 世纪 70 年代以来，许多工业发达国家都把工业固体废物作为经济建设的"永久型"资源，利用率已达 60% 以上。我国对其二次利用也比较重视，现在许多冶金废渣在建筑材料生产方面已有多种利用方法，利用率也比较高。高炉渣的资源化利用。高炉渣属于硅酸盐材料范畴，适合于加工制作水泥、碎石骨料等建筑材料。高炉渣的资源化途径取决于高炉渣的冷却方式，冷却方式不同，高炉渣的特性不同，资源化途径也就不同。高炉渣是冶金工业中产出数量最多的一种废渣，目前我国高炉废渣的年产出量约 3000 万吨。主要利用方式是将液态热熔渣洒水淬冷，制成粒化的水淬渣，成为制造水泥和混凝土的混合材料；少量用于生产膨珠和矿渣棉。但总利用率在 85% 左右，每年仍有数百万吨高炉渣被弃于渣场。而欧美发达国家早于 20 世纪 70 年代就做到了当年排渣当年完全转化利用。

钢渣的综合利用。钢渣中含 Ca、Si、Al、Fe、P 等元素。目前我国钢渣的综合利用主要包括回收废钢铁和钢粒、用作冶金原料、生产建筑材料、农业利用、回填等途径。①钢渣用作冶金原料。可以从其中分选回收废钢和钢粒，用作冶炼溶剂。②钢渣用作建筑材料。可以用作筑路材料，生产水泥和钢渣砖。③钢渣用作农肥和酸性土壤改良剂。根据钢渣所含元素所占比例，可以加工成磷肥、硅肥和钙镁磷肥。而且由于含金属氧化物活性较高，特别适合用作酸性土壤改良剂。④钢渣中稀有元素的富集和提取。有些钢渣中含有铌、钒等稀有金属，可以用化学浸取法提取这些有价成分，充分利用资源。

铁合金渣的综合利用。铁合金渣因含有铬、锰、钼、钛、镍等金属，故先考虑从中回收有价金属。对于目前尚不能回收的铁合金渣，可用作建筑材料或农业肥料。锰铁合金渣和锰硅合金渣与熟料、石膏混合，可生产 325 号以上硅酸盐水泥。用熔融硅锰渣、硼铁渣和钼铁渣等可生产铸石产品。金属铬冶炼渣可作为高级耐火材料骨料，已在国内推广使用。从磷铁合金生产产生的磷泥渣中可回收工业磷酸。

有色金属渣的综合利用。除铁、锰、铬以外的 64 种金属或半金属化为有色金属。有色金属贫矿较多，品位较低，成分复杂，一般每冶炼 1 吨有色金属要产出几吨甚至几十吨废渣。赤泥是铝土矿生产氧化铝过程中排出的红色残渣，目前国内外赤泥大多在堆场贮存或投海，但自然堆放容易污染环境。赤泥中含有一定量的 TiO_2、Al_2O_3、Na_2O、Fe_2O 等有价金属，可通过一定工艺提取金属和稀有、稀土元素，但由于经济原因，尚未投入工业应用。现在我国赤泥的主要回收方式是生产环境材料，如利用赤泥生产水泥等建筑材料、作为橡胶和塑料工业的填料、酸性土壤调节剂、红色颜料、合成肥料以及用于废水废气的治理。铜渣主要来源于火法炼铜和炼铅、炼锌过程的副产物，含有不同量的铜、铅、锌、镉等重金属和 Au、Ag 等贵金属，具有回收价值。提取金属后，还可用于生产水泥、铸石等建筑材料。

3）粉煤灰的资源化

粉煤灰是从煤燃烧后的烟气中收捕下来的细灰，是燃煤电厂排出的主要固体废物。我国火电厂粉煤灰的主要氧化物组成为 SiO_2、Al_2O_3、FeO、Fe_2O_3、CaO、TiO_2 等。粉煤灰是我国当前排量较大的工业废渣之一，随着电力工业的发展，燃煤电厂的粉煤灰排放量逐年增加。大量的粉煤灰不加处理，就会产生扬尘，污染大气；若排入水系会造成河流淤塞；而其中的有毒化学物质还会对人体和生物造成危害。粉煤灰可以用来生产粉煤灰水泥、砖、混凝土及其他建筑材料，还可用作农业肥料和土壤改良剂、回收工业原料。

（2）废物交换

废物交换是指企业间寻求利用彼此的废物（如废水、废气、废渣等），而不是将其作为废物抛弃掉。废物交换是应用工业生态学中最常被使用的战略之一，它的流行缘自其经济利益，即企业可以从某些废物中获得新的收益并降低其他一些废物的处理成本。从需求的角度来看，利用废物企业可能以较低的成本获得原材料。对企业来说，参与废物交换可以有效利用资源并提高环境绩效。

所谓废物交换（Waste Exchange），是指在政府的监管下，甲企业将自己产生的废物交换给乙企业。换句话说，就是把一个企业产生的废物作为另一个企业的原材料，实现物质闭路循环和能量多级利用，形成相互依存、类似自然生态系统食物链的工业生态系统，使企业之间形成物质、能量、信息的共生关联，从而提高物质、能量、信息的利用程度和生态效率，显著改善企业的经济绩效，推动社会经济增长，真正实现经济与环境的协调发展。废物交换以企业之间沟通供需信息和技术为基础，将废物产生企业产生的废物变成利用废物企业的资源，将废物转移到利用废物的企业进行资源化。例如，炼钢厂的废物钢渣是水泥厂的原料，利用钢渣生产矿渣水泥，质量上等；水泥窑的高温余热可以用来发电；发电厂的余热可集中向居民区供热；等等。

废物交换的核心思想：从理论上讲，废物不是废物，任何一种废物都有其使用价值，只是在短时间内没有找到使用场所；或者开发其用途时，成本较高，经济上不合算；或者只有社会效益而无经济效益；或者说废物具有较严重的毒害性、传染性或放射性，以目前的技术尚无法加以利用；等等。

在我国，废物交换的试点经验表明，废物交换有着非常重要的意义，是建设"资源节约型、环境友好型"社会的必然选择，符合循环经济区域层面的要求，是环境保护与提高经济利益的统一。目前，我国废物交换的法律法规体系仍不健全，还没有颁布《废物交换管理办法》《循环经济法》及配套的管理规定和标准，不能有效地解决现实交换工作中的一些具体问题，比如信息不流畅、全过程控制缺乏跟踪记录环节、废物交换缺乏经济鼓励政策等。而且，在实际工作中，有些废物产生单位自己无回收利用的条件，又以各种借口不愿将废物提供给外单位利用，导致废物的回收利用价值无法得到体现，甚至随意排放废物，不但造成严重的污染，更造成资源的浪费；有些企业虽然与其他企业进行了废物交换，但由于交易缺乏统一的监督和指导管理，很不规范，废物交易仅是供需双方的自由结合，联系双边合作关系的纽带是经济利益，对废物转移所带来的安全、污染、防护等问题常常无法顾及，造成二次污染。因此，有必要加强废物交换的立法研究，给废物交换提供法律依据和保障。

（二）生态工业园区

生态工业园区是依据循环经济理论和工业生态学原理设计形成的一种新型工业组织形态，是生态工业的聚集场所。生态工业园区遵从循环经济的减量化、再利用、再循环的"3R"原则，其目标是尽量减少区域废物，将园区内一个工厂或企业产生的副产品用作另一个工厂的投入或原材料，通过废物交换、循环利用、清洁生产等手段，最终实现园区污染物的"零排放"。

1. 生态工业园区概述

工业生态学也可以叫"产业生态学"，它强调资源共享，通过不同工业生产过程中的工业体系和不同行业之间的横向共生关系，为每个企业的废物确立工业生态系统"食物网"和"食物链"，并且找到下游的"分解者"，最大限度地形成闭环的物质和能量循环利用链，并且共享某一区域内的基础设施、资源和信息等，以实现节约资源、环境保护和经济效益等的多赢。目前，实现这一理想状态最重要的形式是模仿自然共生的运作模式，建立生态工业园区的工业共生，分析园区内各企业间的合作、利用关系，建立能量和物质多级利用的共生产业链，以提高园区企业整体的盈利和生存能力，同时起到环境保护和节约资源的作用。

（1）定义与内涵

在1992年里约热内卢的环境与发展大会上，首次提出缓解和解决人类社会生产生活与自然环境资源保护的相互矛盾是可持续发展的核心问题。基于这一点，美国发展研究所的教授首次提出了生态工业园的概念，认为生态工业园是一个由服务业和制造业组成的多企业生物群落，通过原材料、能源、水、环境等基本要素的共同合作与管理来实现经济效益和生态环境的双重优化，并且使二者得到协调发展。

这个定义已经被美国国家环保局、美国环境计划委员会、美国可持续发展总统委员会所认可。亚洲开发银行出版物（2001）中对生态工业园描述如下：生态工业园是生产者和服务者共同生活在一个拥有公共基础设施的空间内，他们之间通过合作管理、开发资源和保护环境来创造更高的环境、经济和社会效益。通过协同合作，该园区所产生的整体效益将远高于各个企业独立生产所产生的效益之和。

加拿大达尔豪斯大学的教授也给出了生态工业园的概念，指出其确切目标是在园区产业链中，自原材料加工至成品消耗和废弃物利用的整个生命周期，形成闭合的物质循环；从生产运作的角度来说，它是一个集成的工业体系，保存经济和自然资源，减少生产阶段、物质交换和废弃物利用等过程中处理的成本与责任，提高运作效率，改善园区工人的健康和企业公共形象，并尽可能地从废物利用和产品销售中获取效益。

美国可持续发展委员会于 1996 年组织开展了生态工业园区特别工作会议，会上，两种不同的观点引发了人们的讨论：一种观点认为生态工业园区是一个市场共同体，园区各企业之间以及与周围社区之间应彼此合作，高效利用原料、公共设施、信息、水等公共资源，从而实现发展社会经济和改善环境质量的"双赢"，并配置给市场共同体和周围社区更有效、更公平的人力资源；另一种观点认为生态工业园区是一种先前计划好的能量物质相互交换的工业体系，旨在最大限度地减少原材料和能源的消耗，减少废物的产生，并积极建立一个良好的社会、经济和生态相互关系。两种观点之间的区别在于，前者更关注社会层面的问题，后者则强调物流（包括原材料和能源）。

2003 年，中国环保总局从生态保护和社会生产的视角进行了阐述，将生态工业示范园区定义为：根据清洁生产的要求、生态工业学原理、循环经济理论等设计的一种新型工业园区，通过物质流、能量流和信息流等传递方式把不同企业连接起来，将一家企业的副产品或废物作为另一家企业的能源或原料来利用，试图模拟自然生态系统，在产业链系统中建立"生产者—消费者—分解者"循环模式，寻求物质和能量的多级循环利用和废物的最小化生成。

综上所述，国内外主要专家大致从系统、相互作用、环境、资源、效率和合作等方面对生态工业园进行定义和介绍，认为生态工业园区不能将目光局限于为园区企业或周围社区提供最低限度的服务，而是要建立一个仿真的自然共生系统，积极推进园区内部企业开展清洁生产，节约资源使用，提高能源利用效率，最终形成真正"和谐共生"的生态工业园区。

（2）优势与特性

生态工业园表现为产业领域、地理位置、行业信息、配套设施、买者意向等的工业集聚现象，并且集群的经济关系间存在着相互竞争、合作、交流，进而实现知识和文化共享，通过提高各企业的利益来实现整个区域经济发展水平的提升。与传统的工业园相比，其最大的优势在于，它不仅强调经济利益的最大化，更注重与经济、社会和自然环境等功能的协调。从自然环境的角度看，生态工业园区是和谐共生且最具环保意义的一个工业群落。生态工业园的"生态"，已不是狭隘的生物学概念，而是具有可持续发展的含义，是人类社会生产生活与自然和谐相处、繁荣、共生的复合系统。生态工业园普遍具有以下特性：

1）高效的经济

经济利益是生态工业园区的核心，经济利益的根本保证赋予其强大的生命力。园区内的企业通过节约原材料、深度利用资源、能量梯级利用、产品多样化、废物回收等方式，依托清洁生产技术、信息技术、网络运输和环境监测等技术支持，提高生产效率，降低生产成本，共享其公共设施和支持性服务，减少企业建设和运营成本。由于企业群落的集中布置，可以有效地降低运输成本，并且一大批企业集群将产生巨大的需求，能够使园区内部的生产和销售规模在同类产品中维持较大份额，这种规模经济效应，充分保证了各企业在园区内得到高质量的中间产品和低成本的劳动力供给。

园区企业获得的既有经济效益将增加生态工业园物业的价值，为管理带来新的利润；与此同时，园区内原有的企业可以在园区的新企业中寻找更多的客户和买家，从而增加整个生态工业园区企业的盈利收入。有最新研究资料表明，一个布局合理、规划有序的工业园区可以节省城市工业用地，减少工业管道网络，缩短运输线路。因此，生态园区企业集群由于共享基础设施、支持性服务等，可以将企业从庞大的基础设施投资和服务体系投资中解放出来，降低了投资风险和企业成本，极大地方便了园区企业的生产。

2）物质的闭路循环

物质的闭路循环是最能体现生态工业园区内自然循环理念的策略，应该在产品的设计过程中就加以考虑。但是，从技术经济合理的角度来讲，物质的闭路循环应该是有限度的。一方面，过高的闭路循环会显著增加企业的生产成本，降低企业产品的市场竞争力。另一方面，与自然生态系统的闭路循环相反，生态工业系统的闭路循环在某种程度上会降低产品的质量。实际上，工业闭路循环的物质性能具有呈螺旋形递减的规律，这就要求企业要反过来寻找高新技术，使物质成分和性能在多次循环利用过程中保持稳定状态。

3）优良的环境

生态工业园区的形成将大幅度降低社会生产对自然资源的需求，同时很大程度减少生产中的废物和污染源。园区企业将引进创新的清洁生产手段，减轻环境负担，使园区整体环境质量的综合指数达到较高的水平。从环境角度来看，完全回收利用可以彻底解决环境问题，即从根本上解决经济发展和环境保护的矛盾。在自然环境层面上，生态工业园区的景观应具有地方特色，园区内生态系统保持良性循环。

从人文环境的角度看，应具有较高质量的人文环境，其中包括良好的社会秩序和社会氛围；拥有较高的人口素质和受教育水平，以及强烈的环保意识；有丰富多彩的文化生活、良好的医疗条件与安逸的社会环境，以及深入人心的绿色消费理念；等等。

4）完善的生态管理系统

生态工业园区是生态工业发展的最佳组合模式，而管理模式的选择将直接影响园区的生态工业特性。对现有或规划建设的工业园区，按照工业生态学的原理进行建设和管理，这也是衡量生态工业园区的一个重要指标。生态管理系统主要分为以下三个层次：第一个层次是产品层次，要求园区企业尽可能根据产品生命周期分析、生态环境设计和环境标志产品要求，开发和生产低能耗、无污染、可维修、可循环利用的安全产品；第二个层次是园区企业层次，要求园区企业尽可能使企业本身实现清洁生产和污染零排放；第三个层次是园区层次，要求园区建立园区水平上的环境管理体系、园区计划、园区废物交换系统等。通过产品、企业、园区不同层次的生态管理，树立园区良好的环境和生态形象，为可持续发展提供生态保障。

（3）生态园区的类型

纵观国内外生态工业园，并没有一个统一的分类模式，从不同视角出发，对生态工业园区的分类也各异，建设某种特性的园区关键取决于其所处的地理优势、产业特点、原始基础及资源条件等。下面我们将从三个角度对生态工业园区进行分类探讨：

1）按产业结构分类，分为联合型和综合型

联合型生态工业园是以某一大型的联合企业为主体的生态工业园，典型的如贵港国家生态工业园、美国杜邦模式等。一般对于化工、石油、冶金、食品、酿酒等行业的大型企业来说，选择联合型的生态工业园比较合适。

相比联合型生态工业园，综合型生态工业园需要更多考虑各个企业之间的合作与协调，因此其内部各企业之间的工业共生关系更为复杂。譬如，丹麦的卡伦堡工业园区就是综合型生态工业园区设计较为成功的案例。近年来，一些传统的工业园区的改造比较适合按照这个方向发展。

2）按原始基础分类，分为改造型和全新规划型

改造型生态工业园是指园区内原来已经存在一些基础工业，现阶段可以通过技术创新或者设备升级等手段提高整个园区对物质和能量的利用效率，降低废物对自然环境的影响。丹麦的卡伦堡工业园是一个典型的案例。

全新规划型生态工业园是指在一片未开垦的土地上进行规划和设计，主要吸引能够耦合、有共生产业链的企业群进驻园区，并为其提供良好的公共服务设施，以便这些企业可以进行物质和能量的交换和重复利用。例如，我国南海生态工业园就是这一类型。

3）按区域位置分类，分为实体型和虚拟型

实体型生态工业园又称封闭的生态工业园，该类园区成员在地理位置上处于一定封闭区域内，企业间有物质流、能量流、水流的交换，实现对废物减量化、再利用、再循环的目的。例如，黄兴国家生态工业示范园、广西贵港生态工业园、美国田纳西州小城切塔努嘎生态工业园等都属于这一类型。

虚拟型生态工业园的成员不一定集中在某一区域，而是通过园区的数据库和数学模型，同时利用现代信息技术建立成员间物质和能量的交换关系，最后在现实中寻找上下游企业组成合理的生态工业链、网。虚拟型生态工业园的优点是可以避免昂贵的购地费用，较为困难的企业也可以不用迁址，灵活性较强。其缺点是有可能距离较远，承担的运输费用有可能大大增加。美国的布朗斯维尔生态工业园和中国南海生态工业园就是这一类型较为成功的案例。

2.生态工业园区设计

在对工业生态园进行设计过程中，首先要对工业生态园的产业定位和现有企业进行详细了解，在做总体规划时要强调内部循环，合理引入与原有企业存在潜在协同和共生关系的工业和企业，争取形成"闭环"。

（1）生态工业园区的设计原则

1）生态链原则

设计生态工业园必须首先要考虑成员间在物质和能量的使用上是否形成类似自然生态系统的生态链或食物链，只有这样才能实现物质和能量的封闭循环和废物最少化。其次要考虑园区成员间是否具备市场规范的供需关系及需求规模。供需的稳定性均是影响发展的重要因素，特别是废物、副产品的供需关系影响到园区的废物再生水平。因此，设计的关键是成员企业类别、规模、位置上的匹配。

2）工业生态系统整体性与成员个体性统一的原则

工业生态园既追求工业园整体乃至整个区域的经济和环境效益，也追求成员自身的经济效益和环境效益，这就需要保证系统的整体性和成员个体性的统一。从操作、运行和管理上，要使物质和能量流动及信息交流在整个园区内形成快捷、顺畅的网络，而成员个体间以市场原则进行联系以体现个性。

3）多样性原则

园区成员组成和相互间的联系要多样化，而且要有创新性，不能一成不变，这样才能保证工业生态系统的平衡和稳定发展。

4）绿色管理原则

生态工业园的管理系统必须要成熟、功能强大，能够协调各企业间副产品的交换，并帮助企业适应整个循环中某个或某些环节的突发改变。

5）经济、社会、环境和谐的多功能原则

经济、社会和环境的和谐是可持续发展的基础，是工业生态学的基本目标。因此，生态工业园必须兼备经济、社会和环境的多项功能和多重效益，以符合工业生态学的宗旨。

6）园区空间组织和联系的高效性原则

在追求经济成本和环境成本优势的市场里，仅仅是地域上的邻近已不足以确保现在企业的竞争力。工业园区的设计在于形成高效的工作系统，其内部有着良好的友邻关系。园区通道和管道应靠近副产物、废物或能量的供给者和利用者，在保证物资流通的同时保证信息交流的顺畅。

另外，完善这些企业所处的系统背景，优化物质流、能量流和信息流在设计过程中也是极为重要的。

（2）基于 S2N 的生态工业园区规划

1）双网络策略（S2N）

在生态工业园区内，由于多个企业的集中布置，原本独立的板块变得群集混杂，连通性或可达性成为评价运行效果的决定性因素。在生态规划领域，连通性经常用"流""链""网"等特性来实现和阐释，一般将规划区域看作多个独立网络，如水流、生物分布、交通、信息流通等进行的组合叠加，试图将点、线、面有机地联结到一起，构建出整个网络体系。

立体规划的概念是首先被提出来的，它主要依据空间网络内垂直生态过程的连续性，自下而上地进行空间规划设计，最后用麦克哈格的"千层饼法"将各单层网络的元素进行组合叠加，形成一个立体网络。

通过对绿地网络的分析不难看出，由于绿地和水体共同起到调节微气候、休憩娱乐和消纳污染物的作用，就所追求的目的而言，二者可以一并考虑。从景观生态学的角度出发，绿地通过现存的自然水体系统，主要是湖泊、河流等，把公园和开敞空间有机地连接起来，使之成为有机的绿地系统，在景观生态规划的研究中，人们也常常将绿地和水体结合起来一起考虑。因此，在生态工业园区的规划与设计中，可以将水体和绿地结合起来看作一个景观生态网，从而进行整体设计。

将网络概念与分层理论相结合，对双网络策略进行补充和完善，提出生态工业园布局规划的新思路，即构建生态网和交通网，作为实现区域内生态效益和经济效益的载体，并不断地进行横向和纵向的补充和扩展，更加合理地布置园区内生产区、生活区和其他附属设施，使之形成高效、稳定的网络系统，努力提高园区的整体服务水平，以适应园区的发展特点。

2）空间网络要素及研究方法

在生态工业园区的规划设计中，可以考虑在空间网络要素分析的基础上，按照"点—线—面"的顺序将其有机地结合起来，综合考虑各个因素，构成整个空间网络系统。

构建生态工业园区空间网络的两种方法主要有逐层扩充法和节点重要度法。逐层扩充法：如果生态工业园区的选址为未开垦的处女地，道路密度低，人工痕迹少，那么可以利用空间网络规划逐层扩充的方法，从无到有，逐步提高线网密度。这类园区往往只有几条河流的边界或主干道穿过园区内部，原始轴线（线性水系和主干道）连接园区内的原始节点（湖泊和湿地等），对地形、地貌的适应度较高，具有清晰、明确的走向，可以当作园区空间网络的主要轴线。节点重要度法：若是对现有工业园区进行生态改造，由于现有道路密度较高，可建立一个依据园区客货运输节点的网络空间，通过评估每个节点的功能、大小、权重和负荷，确定节点的运行重要程度，计算线路的重要度，如有需要可以适当调整其重要度级别，并对原区块进行重新划分。对重要度高的节点，原有轴线不能满足物流运输的要求，应该通过拓宽现有道路、增加平行线路或者改变控制方式等提高轴线的通行能力；对于重要度较低的节点，为满足保护区生物栖息和迁徙的需求，可以考虑与交通负荷低的生态走廊相连接。

3）网络参数和要素设计

片区承载功能不同，对线网密度和服务水平的需求也各异。例如，生态服务区强调水源、生物栖息地的保护，对交通速度和密度的要求低，形态优美、曲折蜿蜒的步行道显然在该区更受青睐，而生物迁徙、繁殖、栖息等需要广阔的连续空间，水体和绿地的破碎化会影响其活动质量，因此连接度较高的生态网应该是该区的重要组成部分，可将河道作为中轴线，增设水渠、水沟、人工湿地等水体景观，在园区形成串珠式闭环结构，并对自然河岸进行修复或建设具渗透性的人工驳岸。而生态协调区生物生产区内的工业和商业活动强调经济和社会效益，也是生态工业园实现其发展目标的核心地带，便捷、高效的交通运输便成为基本需求和必要条件，交通网布局可从预测交通流量为基本出发点，执行点、线、面逐层展开的流程，控制道路等级结构，设置连通性强的交叉道路。此时该区内生态网只能作为调节微气候和消纳污染物的辅助和补充，如进行道路绿化，利用陡坡、冲沟、屋顶和墙壁等地带见缝插针地布设花台和花池，适当设置人工水体等。显然，生态网的连接度和通达性很难完全满足条件，应让位和服务于交通网的布局。

生态工业园区的空间网络构建需进行补充和完善，即详细分析每个片区内充实层的性质、形态等要素和参数设计及其影响因子，再将不同功能的网络、不同性质的元素进行叠加组合，得到功能多样、连通性强、布局合理的园区物理环境。通过分析研究，总结归纳出生态工业园空间网络构架的定量参数、定性要素。

（3）基于 SLP 的生态工业园区规划

理查德·缪瑟的系统布置设计将研究工程布置问题的依据和切入点归纳为产品、产量、工艺过程、辅助部门、时间 5 个基本要素，把布置过程分为四个阶段：首先，分析各作业单位之间的物流和非物流的相互关系，经过综合得到作业单位相互关系表；

其次，根据表中作业单位之间相互关系的密切程度，决定它们之间距离的远近，安排各作业单位的位置，绘制作业单位位置相关图；再次，将各作业单位实际占地面积与作业单位位置相关图结合起来，形成作业单位面积相关图，通过作业单位面积相关图的修正和调整，得到数个可行的布置方案；最后，对各方案进行量化和评价择优，根据密切程度的不同赋予权重，分别试验不同方案，得分最多的为最佳布置方案。

生态工业园区是指在一个园区范围内，各企业通过相互之间的合作，促成对物质和能量的阶梯利用，从而整体提高对自然资源的利用率，主要表现为企业之间对废物的利用，即一个企业的废料可以当作另一个企业的原料使用。对于生态园区的规划，我们可以将每个企业当作工业厂区里面的各个车间，分析企业间的物流和非物流关系，结合企业实际占地面积等因素，形成数个平面布置方案，最后对方案进行评价择优。

三、第三产业循环经济

（一）旅游业循环经济

按照产业化、市场化、规模化、网络化的发展要求，坚持"先规划、后开发，重保护、慎开发"的原则，以清洁生产技术为支撑，积极加强景区景点环境的整治、保护工作。以风景名胜区和人文遗址为重点，实现固体废弃物减量化、资源化管理和无害化处理，突出旅游景区的废弃物分类、回收、处理系统建设，加快生态旅游示范景区建设；加强对重点生态旅游区的公路、铁路、航空、水运线路建设规划的协调管理，有效控制旅游密度；积极开发绿色旅游产品，尽可能使用生态性材料和环境代价少的替代性材料，同时加强生态旅游营销，尽快形成一批生态旅游景点。

加强水的节约和循环利用，在景区和游览区大力推广普及生态厕所和免水冲式厕所，应用节水型器具；针对旅游景区的接待区，分期分批地建设小型污水处理装置，处理后的水作为中水循环使用。加强固体废弃物的分类收集后循环利用，除医疗废物以外，旅游景点产生的其他固体废弃物均集中就近送入垃圾处理场，经分拣后分别加以循环利用。在旅游景点应鼓励用电、用油，用天然气、液化石油气，减少用煤。

1.传统旅游经济与旅游业循环经济的发展观比较

我国旅游业是在创汇和经济发展导向下成长起来的，这种受利益驱动建构起来的经济体系表现出明显的"增长性"发展观，这对于旅游业在我国改革开放初期的快速成长起到了积极的作用，但是这种人类中心型的发展模式在我国旅游环境堪忧和旅游者对旅游质量要求不断提高的今天已经成为发展的瓶颈。

（1）传统旅游经济的发展观

根据发展的实现手段，我国传统的旅游经济经历了资源中心发展观、产品中心发展观和顾客中心发展观三种主要的观念范式阶段。增长是我国传统旅游经济的表达核心，但每一阶段在吸引力表达、竞争手段和市场范式上是存在差异的。在资源中心发展观阶段，我国旅游经济主要表现为不断寻求新的资源点，并对资源点进行初级开发，旅游景点往往通过资源的原始展示来吸引旅游者。各地对旅游开发也抱有较大的热忱，比如，在中国优秀旅游城市的评选中，我国1998年通过的第一批优秀旅游城市有54个，2000年又通过第二批优秀旅游城市共68个，2001年、2003年、2004年、2005年、2006年又相继获批16个、45个、23个、41个和24个，我国优秀旅游城市的总量已经达到271个。这种资源、景点和旅游地在数量规模上的扩张在一定程度上推动了我国旅游经济的发展。

在经历了初期的资源中心发展模式后，产品竞争力逐渐成为旅游地关注的焦点，旅游经济因而表现为以产品为中心的发展观。产品竞争促使旅游地在资源包装、主题表达、服务运作、品质档次、价格管理、营销方略等产品元素上不断寻求创新，我国旅游产品的质量水平因而获得了飞速提高。激烈的市场竞争促使旅游业越来越重视市场分析，重视旅游者的需求管理，并强调以需求来决定旅游产品的运作与生产，我国旅游业因而迈入了以顾客为中心的发展阶段。这在推动我国旅游产业改造升级的同时也带来了大量的社会和环境问题，激增的旅游者数量和对旅游者的迁就使旅游地的环境污染、生态平衡破坏、文化冲击、旅游地犯罪等问题大量出现，我们的旅游观、休闲观因此面临巨大挑战。

（2）旅游业循环经济的发展观

旅游业循环经济是一种建立在生态学基础上的经济体系，在旅游业中依托循环经济理念将使人类中心型的旅游经济转型为实用生态型的旅游经济。纯粹的人类中心发展观主张人类利益的绝对主导，容易带来各种环境问题。深层生态学发展观主张生态利益的绝对主导，容易抹杀人类的创造性本能，影响人类的客观发展。旅游业循环经济主张用生态位序的观念来处理人类与自然文化生态的关系，使人类的发展建立在与生态有序互动的基础上。它兼取了生态基础和人类中心的动态平衡，认为人类的发展依赖于生态系统的平衡，人类既是生态系统的一环，又必须通过生态系统来实现自身的积极发展。因此，这种发展观将使人类的旅游活动更多以实现和完善自身的生态意义与生态价值为己任，旅游活动将承担一种更为重要的生态教化功能，使人类能更好地认识自己、认识生态、了解自己所处的自然生态位序和文化生态位序。这将使旅游所固有的在自由追求和人性本源探索中所产生的精神愉悦变得更为彻底和可能。

循环经济型旅游发展观主要表现在四个方面：第一，景观吸引力的生态化。首先，原生态自然景观和原生态文化景观更容易满足旅游者对纯粹和本质的追求，它们是旅游地的吸引力源泉，因而旅游地自然文化生态的储备量和丰富性是旅游地发展的基础。其次，景观生态的综合体验将比传统的景观资源点展示更具旅游吸引力，而且以原生态体验作为旅游方式既有利于还原资源价值，又有利于环境保护与发展。第二，旅游者旅游目的的生态化。成为"人"和完善自我是人类的永恒追求，"自由旅游"是其重要的实现方式，这也是旅游行为的生态本质。因此，旅游者自由旅游的可及性将成为旅游业发展的主要驱动力。旅游者既是旅游系统中的能动个体和行业的运作核心，也是旅游业业态资源的支配核心。旅游地生态的丰富性和旅游者自由旅游的可及性的兼容和谐即表现为旅游地生态发展和生态实用的高度统一。第三，旅游企业操作的生态化。旅游企业的存在既是为了实现经济价值，也是帮助旅游者实现其了解生态进而实践生态的旅游目的。旅游企业的内部运作和资源利用过程既要遵守循环经济的"3R"基本原则，也要注重与旅游者和产业的生态互动。第四，旅游业运作的生态化。旅游业是一个泛区域、泛资源和泛企业的经济生态群落，以生态化的概念来整合旅游业的产业链与价值链，有助于实现旅游业在区域、资源和企业间的有效协同，从而有利于旅游业的产业结构优化。在人类追求可持续发展的过程中，我们将建构新的生态型的生活、消费和生产方式，旅游业在带动这种观念的建设过程中具有天然的示范优势和资源优势，它可以通过旅游的生态化实践来进行生动的生态教育，最快地实现人类发展观的转化和生态发展观的建设。当然，旅游业循环经济是一个有层次的递进系统，我们只能在实践中逐步逼近其最高形态。

2. 旅游业循环经济的伦理观

旅游业循环经济并非纯粹的生态经济，它强调用实用生态观调节旅游者与旅游资源、旅游环境和大众社会间的伦理关系，以实现生态基础和人类中心的动态平衡与有机统一为本质目标，并最终表现为旅游者的公平旅游、旅游业的和谐发展，以及旅游环境、旅游资源与社会的动态性可持续发展。当然，旅游业是一个庞大的关联性产业，它的发展需要环境、资源、社会和技术的支持，科学地处理旅游者与资源、环境和社会的伦理关系，合理地利用技术，使其提升为一种统一的、开放性的伦理体系，已成为旅游业实现循环经济化的伦理基础。

（1）旅游业循环经济的环境观

旅游者利益和环境利益是旅游环境问题的核心，要实现旅游者自由旅游和成为自由旅游人的美好理想，就应维护旅游环境的平衡与可持续发展。就旅游系统而言，旅游生态环境是个多元化的概念，它既包括自然生态环境，也包括依赖于人而建构的文化生态环境，两者共同构成旅游地的吸引力核心。循环经济倡导能量平衡和减少环境污染，由于旅游系统的自然环境并非"荒野自然"，它是由实践和社会中富有生机的旅游承载系统，因而旅游环境的平衡不能简单地等同于旅游环境的绝对物质维持，而应该建构起有序的旅游环境发展观，在隔绝旅游环境污染和避免能量失衡的同时协调旅游者利益和旅游环境系统的利益，确立旅游者利益和旅游环境利益相互平等的环境道德观，并通过其依存关系对其进行协调，使其成为一个有序发展的统一整体。

（2）旅游业循环经济的资源观

在旅游系统中，稀缺的既不是旅游者，也不是旅游开发者，而是旅游资源，因此保护旅游资源成为旅游开发的重心。资源是旅游地的吸引力基础，随着旅游者生态素质的提高，旅游者所追求的旅游资源将逐渐由资源景观点变成资源生态系统。旅游资源的价值具有内生性和多元性，其价值是其内在所具有的、不以旅游者的需要为转移的客观价值，在旅游观赏价值外，它还具有有益于其他生态存在的客观价值。旅游资源包括自然旅游资源和人文旅游资源，两者均面临可持续发展的问题。自然旅游资源的保护可以通过生态型科技的发展和选择来更好地实现；而人文旅游资源的保护则主要依靠人类的精神传承，它的保存、发展还受限于处于时代"囚笼"中的人的价值选择，如何使人文旅游资源实现代内和代际的客观传递与价值共享，成为人文旅游资源可持续发展的关键基础。

（3）旅游业循环经济的社会观

旅游业的发展依赖于同社会进行有序的互动和资源交流，主要表现在与社会互动以及与旅游地社区互动两个层面。旅游业的有效运作以人流、物流、资金流和信息流等大量资源的流转为基础，资源的循环发展和多重利用正是旅游业价值创造的源泉所在，循环经济思想有助于从行业运作的基础层面推动旅游业的循环发展。同时，旅游是一个重要的文化传承工具，旅游交流有助于文化精神的代内共享和代际传递，并有利于促进旅游者的素质提高，推动文化资源社会经济价值的更好实现。

旅游业与旅游地社区的积极互动是旅游地发展的现实前提。旅游业循环经济倡导积极的经济转移，以刺激旅游地的各项消费、改善旅游地居民的生活水平，并帮助贫穷旅游地改善经济发展状况。旅游业循环经济鼓励健康的文化传播，以推动旅游地居民观念素质的现代化和旅游地形象品牌的提升，提倡旅游业发展要尽量使用当地人才，以促进旅游地的人才培育，并鼓励当地人参与旅游地的旅游投资，使旅游地社区在旅游投资、旅游就业、居民旅游等方面都参与旅游业发展，从而更大程度地享受到旅游地的发展成果，以避免"旅游飞地"的形成，将旅游地建设成循环发展型旅游社区。

（4）旅游业循环经济的科技观

旅游业实现资源使用的减量化、再利用和再循环三个基本原则需要科学技术的坚实支持。传统的科技进步并不能解决由于经济规模扩大而产生的环境危机，因此，要建立以旅游者和旅游环境为主导的技术发展观，而不是相反地通过发展技术去改变旅游者和旅游环境：旅游者有权根据自己的合理需求去选择旅游方式并据此发展其技术平台，而不是相反地基于科技的变革来变革旅游方式。技术的变革应该服从于旅游者、旅游环境和旅游的社会意义。

3. 旅游业循环经济的产业范式

旅游业是一个包括餐饮、住宿、交通、游览、购物和娱乐等企业类型在内的庞大的产业集群，产业内流转的产品综合了无形服务和有形商品，产业所依赖的是自然文化环境和三次产业产品等综合资源，因此旅游业循环经济应该具备广阔的运作观，将其运作观由微观的企业层次向外拓展至宏观的产业层次乃至国民经济大生产系统，在广阔的外部环境中对接自己的经济活动，从中找到实施循环经济的路径和方式，这也是旅游业实施大生产观念、大营销观念、大环境观念和大发展观念的基础。

（1）旅游业循环经济的结构层次

旅游业的循环经济活动主要体现在四个层次，即单体旅游企业层次、旅游企业群落层次、旅游产业群落层次和国民经济的大生产群落层次。

四个层次的循环经济活动是逐层递进的关系，由于所处的产业链位序不同，因此每个层次的循环经济活动有不同的实现路径与方式。

单体旅游企业是循环经济活动的具体执行者，旅游产业向循环经济范式转变的同时，旅游企业的微观运作方式也将发生具体而深刻的变化。旅游产业包括六大要素企业，其内部的循环经济运作主要体现为节能降耗的努力，主要的实现方式是以观念变革为基础，从技术和管理角度推进"3R"原则的贯彻实施，通过范式结构的转化来实现自身与行业的可持续发展。

相同的旅游企业构成一个共生的行业，行业的发展与升级越来越依赖于基于共赢理念的合作式竞争，其主要实现方式是单体旅游企业在资源上的共享与协同，比如旅游地的地区营销、预订系统的合作研发、人力资源培训联盟的构建、基于市场细分的行业结构协同等，都有利于旅游企业竞争力的提升和行业的良性发展。不同类型的旅游企业通过旅游者的集群式消费构成一个完整的产业链条，形成一个相互依赖的产业集群，旅游企业间通过输入上游企业的产品资源实现对旅游者的服务接待，因此业内资源的共享、协同与转化利用是整个旅游产业存在的基础。旅游业循环经济强调通过信息协同、企业一体化发展和良好的产业规划来更好地实现这种运作。

（2）旅游业循环经济的产业运作范式

以包价旅游作为标志的传统旅游业将旅行社作为行业运作的核心，大部分旅游者的旅游活动都由旅行社经手完成，行业中的客源招徕、旅游行程安排、票务预订、酒店预订、导游解说等行业的核心流程也均由旅行社组织运作。传统旅游业因而表现为以旅游行程为导向、以经济利益为目标的运作范式。

旅游业循环经济提倡旅游本质的回归，主张以生态位理念来梳理行业的价值链体系和旅游企业的生态位序。旅游者对自由旅游本质的追求将使自主性、个性化的旅游方式蓬勃发展，旅游者的主体地位将不断提高，可以自助完成行程安排、票务预订等核心的行业流程，旅游者因而替代旅行社成为行业的运作核心。相比于传统旅游经济，旅游地生态替代纯粹的旅游景观成为核心的旅游吸引力，旅行社的导游解说功能和信息服务功能替代行程安排功能成为其盈利核心，旅游住宿、餐饮、购物和娱乐将直接面向旅游者，在减少中间环节的同时也有利于行业成本的压缩和资源的高效利用，旅游业循环经济因而表现为以旅游体验为导向、以生态利益为目标、以旅游者为根本主体的产业运作范式。旅游业以"镜像"的方式来实现循环经济范式的转变与产业结构的升级。

作为旅游经济范式与旅游产业结构的理论反映，旅游规划对旅游业的运作有着基础性的影响。在旅游业循环经济模式下，旅游的社会意义和环境的生态意义重于其经济意义，旅游业的寻租功能因而被弱化，旅游业各利益主体的博弈导向因此发生改变。在这种范式下，旅游者通过个体的消费权直接影响旅游规划，政府部门通过法制权支持旅游规划，生态环境通过生态条件规范旅游规划，旅游专家通过知识权引导旅游规划，旅游规划的智力创造过程将以景观生态、消费生态、企业生态、行业生态等多重生态体验作为设计导向，为旅游业的发展提供可持续的智力支持。循环经济型旅游规划范式既是对传统旅游规划范式的镜像式升级，也是旅游业生态体验的多重镜像反映。

（二）商业服务业循环经济

优化商业网点布局，建立开放、高效、畅通、统一的绿色商品流通体系，加快推进传统商贸业向现代商贸业转变。发展和规范网上购物、商品配送中心、特色商业街区、大型购物中心和连锁经营网点，生态化规划、建设。积极培育市场，不断扩大绿色产品在消费市场中的份额，鼓励开设"绿色商店"。建立食品安全生产、流通、消费全过程质量控制系统和"高效率、无污染、低成本"的绿色"菜篮子"流通网络。

以大中城市为重点，合理规划餐饮娱乐业的布局，严格执行国家《关于加强餐饮娱乐业环境管理的通知》，推进"三同时"制度；鼓励发展连锁经营企业，通过扩大企业经营的规模，增强企业产业生态化的发展能力；对餐饮娱乐业进行全面排污申报，及时掌握行业污染发展的态势；推进清洁生产技术，包括油烟的减量排放、有效收集和利用，积极使用环境友好的生态环保产品替代传统的难降解、难回收、污染大的产品，减少非绿色的一次性筷子等产品的使用；对于饮食集中的城区，利用规模效应集中回收和资源化利用餐饮业污染。

以城市内星级以上的大型宾馆、酒店为重点，加强水的循环利用，大型宾馆、饭店、餐馆等用水量较大，应逐步设置小型污水处理设备，并建设中型水利用设备系统，污水处理后的出水作为卫生用水、绿化用水等循环使用或再利用。加强固体废弃物资源化利用，以大型宾馆、饭店、餐馆为主，推进分类收集回收再利用，其中"泔水"回收利用可以生产饲料、肥料等；集中收集燃煤锅炉、锅灶产生的煤灰渣资源化利用。

1. 餐饮业的循环经济发展模式

餐饮业是以盈利为目的的提供餐饮服务的部门，目前餐饮业大都是单向的线性经济，资源综合利用率低，环境污染比较严重。餐饮业需要消耗大量能源，大都是直接燃烧燃料，有时还需要使用电力。餐饮洗涤废水以及废油的排放会导致下水道堵塞，还会发酵产生甲烷，容易爆炸，如果下水管网直接流向河流和海洋，那么还会进一步扩大污染范围。餐饮固体垃圾包括厨房废弃原料、顾客的剩余饭菜，以及大量一次性餐具等，不仅浪费了大量资源，处理困难，还是传播疾病的根源之一。此外，餐饮业的废气和噪声污染也都比较严重。在餐饮业发展循环经济，不但能有效解决环境污染问题，而且能加强对原材料的控制，从而提高全行业的环境友好性。

餐饮业的循环经济措施主要包括以下几点：首先，要以提供绿色食品为根本，从源头上采购无污染的应季食材和辅料，按照绿色饮食标准和顾客需求来精细加工，强化食品安全和卫生。其次，要倡导绿色消费，引导顾客文明消费和按需消费，避免食品浪费，全面减少一次性产品的使用，同时强化餐具的杀菌消毒。再次，积极采用有助于环境保护的新技术和清洁能源，燃料方面要改善燃烧设备的结构，提高燃烧效率，减少二氧化碳排放；洗涤剂方面应采用无磷产品，废水必须与城市污水处理系统连接，禁止废水废油直接外排；油烟和噪声方面，应该加强相应设备的改造，减少对环境的危害。最后，对餐饮废弃物进行分类回收与利用，要避免流体垃圾与其他废弃物混合，以便使可用资源更加易于提取，其中的木质废物经过消毒以后可以用于造纸或燃烧发电等，其他的固体废物也应该分别提取并返还至第二产业中相应的资源回收部门，对流体垃圾也应该在源头分类，再分别出售给第一产业中的相关部门。

2. 流通业的循环经济发展模式

流通业是使商品从生产环节转移到消费环节的中间部门，在国民经济体系中意义重大，主要包括物流业、批发业、零售业。流通业主要以第二产业提供的设施、设备、能源为基础，通过转移第一、第二产业的产品而获得收益。

批发业和零售业的循环经济措施比较相似，主要有三方面内容：一是场地资源的充分利用，要合理设置库存水平，避免货物过多堆积，还要充分利用库存区域和销售区域的空间。二是设备和能源的集约利用，要合理调整销售区域的通风和照明水平，优先采用节能的设备，并对设备进行科学维护。三是包装废弃物的回收，批发零售商有义务对包装物进行最详细的分类，并使其尽快重新回到再生领域。

此外，针对通信服务业循环经济发展模式，推进绿色基站建设。鼓励采用分布式基站网络结构，通过载波智能功效、智能调整等手段降低设备能耗。推广以自然冷热源和蓄电池温控为基础的空调升温启动技术，合理采用风光互补、分布式冷却系统以及电池组在线维护管理，实施传统基站节能改造。合理设计供电方案，推广应用绿色电源。

推进绿色数据中心建设。加快老旧设备退网，鼓励建设云计算、仓储式及集装箱式数据机房，广泛应用先进节能技术，加大节能改造力度，提高数据中心和机房的能源利用效率。鼓励回收废旧通信产品，推动通信运营商回收基站中的废旧铅酸电池。依托通信运营商服务网点，探索采用押金制等方式建立废旧手机、电池、充电器等通信产品的回收体系，提高回收率。推进手机充电器、电池标准化工作。2015年，通信基站能耗比2010年降低25%，通信基站废旧铅酸蓄电池回收率达90%。

（三）物流业循环经济

努力提高物流业社会化、专业化、信息化程度，按照循环经济理念，优化全国物流业布局，建设生态物流园区，发展绿色物流，充分发挥区位、交通优势，大力发展现代物流业。积极推进以国家干线公路物流港、国际航空货运中心、铁路集装箱货运中心以及零担货运中心为主要内容的物流园区建设；加快区域物流枢纽和一批物流园区、专业物流市场建设。

大力发展道路货物"甩挂运输"，提高资源配置效率，降低社会物流成本；加快推进物流公共信息平台建设，开展共同配送，消除交错运输，缓解交通拥堵状况，提高货物运输效率，减少空载率。推动物流企业实施绿色运输，转换运输方式，削减车辆总量。改变货物保管方式，降低货损，减少企业库存成本，实现"零"库存，降低物流成本；使用标准化的搬运、装卸工具，避免重复搬运、不合理装卸，降低货损率。鼓励使用绿色包装，积极开发新的包装材料和包装工具，实现少耗材、可再用、可回收和再循环。大力发展第三方物流，通过第三方物流的建立和对物流流程、环节以及设施器械的技术创新、技术改造，提高企业的营运能力和技术水平，最大限度地降低物流的能耗和货损，防止二次污染。

1. 交通业的循环经济发展模式

交通运输业是国民经济中专门从事货物和旅客输送的生产部门，运输方式主要包括铁路、公路、水运、航空和管道五种。铁路是其中最高效的运输方式，运力强，成本低，土地资源占用少，能源消耗少，二氧化碳排放也比较少。但铁路往往由国家统一建设管理，低级别的区域不具有管理权限。水运是最清洁的运输方式，消耗能源很少，沿海地区可以发展海陆运输，内陆地区在条件允许的情况下可以发展内河航运。但是水运对航道的要求比较高，而且港口建设对海岸环境的影响较大，因此不是所有的区域都适合发展水运。航空运输业能耗相对较高，但是在远距离运输上时间优势明显，是人口高密度区域和边远区域的必然选择。管道运输主要负责长距离运输的液体和气体，安全可靠，甚至还可以运输矿石、煤炭、建材、化学品、粮食等。但管道运输灵活性较差，需要其他运输方式的配合，而且承运的货物比较单一，成本也比较高，更不能运输旅客。只有公路运输，才是所有区域都普遍具有的运输方式，在运输业中占据主导地位，很多发达国家公路运输客货周转量占总周转量的90%左右。公路运输机动灵活、适应性强，中短途运送速度快，但是同时也存在很多问题，比如运量较小、成本较高、安全性较差，最主要的是能源消耗高、环境污染大，因此必须按照循环经济理念尽快加以改善，具体措施包括以下几点：首先，在基础设施建设方面，要科学规划，合理分配土地资源，并充分利用地下和空中资源；建设施工时要尽量就地取材，多用再生材料，并注重生态保护；要注意优化路网结构，提高区域内的畅达性，提升路网的整体承载能力和提高整体的运行效率。其次，在公众的出行方式上，应该优先选择步行、骑车和公共交通等绿色的出行方式，减少私人汽车的使用；同时政府部门也应该采取各种措施确保公交优先，主要包括规划优先、土地优先、路权优先、政策扶持优先、资金支持优先等，提高公共交通的覆盖率和便利度。再次，在交通工具准入方面，必须制定严格标准，引导公众选择绿色的交通工具，鼓励使用自行车、公共汽车、小排量汽车，对排量大的汽车要额外征税，污染排放不达标的要及时予以退出。复次，在交通能源方面，要分析交通行业的节能潜力，包括结构性节能、技术性节能和管理型节能等，通过多种途径实现交通能源的节约，全面提高能源的利用效率；同时积极开发替代能源，研究适用新能源的交通工具，比如燃气汽车、乙醇汽车、电动汽车、太阳能汽车、混合动力汽车等。最后，在交通废物的治理方面，要逐步减少单位交通工具的尾气排放量，控制噪声污染；另外，还要对报废的交通工具尽快拆解、分类回收，以便使之重新转化为资源，并进入新一轮的循环。

2. 物流业的循环经济发展模式

在环境保护的大背景下，物流业对环境造成的负面影响日益受到重视，各级政府及物流企业都逐渐从循环经济的视角探索物流业新的发展道路。其中，改变过去的物流生产方式，向生态化方向发展，得到较为广泛的认同。物流业生态化发展即把物流活动的各环节纳入大的生态系统中，运用生态化技术实现物流业整顿和重组，充分减少物流业对资源的消耗和对环境的影响，实现物流业的良性循环和可持续发展。

（1）循环经济视角下的物流业生态发展观

循环经济与生态化发展的关系。循环经济最初由美国经济学家鲍尔丁提出，随着专家学者的不断深入研究，其概念逐渐清晰化。循环经济立足于资源获取和使用的方式，核心是循环重复利用一切资源。循环经济的主要思想表现在以下三个方面：一是闭环系统主导的资源高效利用和循环利用；二是减少生产过程中的废物排放，减少对环境的污染；三是实现经济增长模式的变革，提高生产效率和效益，这也是生态经济学的要求。生态经济学实质是研究产业、经济及生态之间的相互作用关系，以推动经济与生态相互协调发展，实现提高资源利用率、减少环境污染的目标。由此可见，循环经济与生态化发展并不是完全重复或相交的概念，其有本质的区别。生态化发展是一个循序渐进，逐步完善的发展过程、方式和路径，而循环经济是发展目标，是生态化发展的最终表现。

循环经济视角下的物流业生态发展诠释。循环经济视角下的物流业生态发展是用生态化的理念和思维方式来处理物流业、其他产业、经济发展与资源环境之间的关系。因此，循环经济视角下的物流业生态发展把物流业内部各系统之间的协调发展、物流业与社会经济资源环境的互动关系视为一个辩证统一、相互作用的生态整合过程。可见，最低层次的生态化发展是物流业自身的生态系统产业内健康有序，能充分处理好竞争与共生的关系，表现为实现产业功能、创造产业价值。中间层次的生态化发展处在一个更大的社会生态系统中，社会各行各业均衡发展、优势互补、功能耦合。最高层次的生态化发展是减少对环境造成的破坏与污染，实现产业的可持续发展。

（2）循环经济视角下物流业生态化发展的障碍与困境

物流业生态化发展观念落后，物流业生态化体系尚未形成。生态化理论日趋完善，但从实际发展现状来看，物流业生态化发展观念仍显落后。一方面，各地各级政府部门各自制定物流发展规划，物流管理分割严重；另一方面，物流相关法规、政策体系不完善，在物流发展的整体规划、政策引导方面力度不够。从企业角度来看，物流业竞争激烈，以利润为中心的经营观念严重，合作意识淡薄，处于粗放式发展阶段。总地来说，物流业内部自身的均衡发展、相互耦合还有待进一步提高，物流业生态体系还尚未形成。目前，物流业各功能环节还需要大量的人力，装备和信息化水平低。日本在19世纪80年代自动化立体仓库技术就已经非常成熟，并得到广泛应用，而我国在1980年才开始投入运行第一座由计算机控制的自动化立体仓库。因此，相比发达国家我国支撑物流业发展的现代技术体系比较落后。主要表现在以下几个方面：一是物流企业内部信息技术落后，管理效率低；二是物流业内部及供需企业之间的信息得不到及时的共享，致使物流资源利用率低，浪费严重。因此，缺乏健全、快捷、灵敏、安全和一致可靠的物流管理信息系统及网络系统是物流业生态化发展的重要障碍之一。

企业管理水平低，市场供需不协调，有机生态物流链协同效果差。在生态化发展过程中，物流业自身要完成从功能到创造价值的转变，从简单走向复杂，实现自组织、自催化和自适应的进化过程。除此之外，在大的生态系统中，物流业更要与其链中的上下游企业相互适应、相互衔接，形成有机生态物流链。目前，物流业及其他产业思想观念落后、信息化水平低以及市场机制不完善等障碍因素，导致供需不协调、市场资源得不到有效配置、有机生态链运行过程中相互适应能力差、协同效果不够理想等问题。

废弃物物流、循环物流及回收物流重视度不够，逆向物流发展缓慢。理论上循环经济的表现形式多种多样，主要有废弃物物流、逆向物流、退货物流等，其中逆向物流是循环经济的重要环节之一。而在实际发展过程中，逆向物流还未引起人们足够的重视，逆向物流规划管理和科技创新方面都有待进一步提高，同时相关的法律法规也不够完善，处罚力度低，执行效果差。

（3）循环经济视角下物流业生态化发展对策研究

1）加强政策激励，促进物流集群化发展，构建健全的物流业生态体系。

现阶段循环经济下物流业生态化发展的核心是构建一个健全的物流生态体，这个体系主要以物流业发展为核心，包括与物流业有共生关系的行业、政府组织等，在信息技术的支撑下，进行物资能量的输入、转换与输出，实现物流业与经济社会、环境资源协调发展，形成相互依赖、和谐共生的物流业生态体系。

2）强化物流业与其他产业间的联系，实现有机生态物流链。

物流产业本身内部相互依存、休戚与共，同时，物流业属于服务业，独立地位较弱，必须依附于其他产业。因此，物流业与制造、商贸、信息、金融业等其他行业之间的联系亟待加强。物流作为衔接供应链上下游企业的纽带，在大生态物流链构建中扮演着重要的角色。首先要整合物流内外部资源，拓展服务；同时作为商业通路，要充分利用其在数据、信息方面的资源，为客户创造价值。

3）完善市场功能，推动物流生态化发展机制的建立。

物流业生态化是一个不断发展、演变和提高的过程，发展过程受物流业内外部环境的影响。由于我国物流业发展进程缓慢，受科技、资源、人才等影响因素的严重制约，政府主导和行政监管都不够到位，市场的作用没有得到充分发挥。在此背景下，我们应积极探索和建立物流业生态化发展的形成机制，摸清物流业生态化发展的内在规律，为逐步实现循环经济目标提供基础保障。物流业生态化发展机制包括促进机制、约束机制、激励机制和保障机制。促进机制能够有利于从长远利益出发作出决策；激励机制能够保证物流及相关产业发展的近期目标与长远目标趋于一致；约束机制能确保克服损害长远利益的短期行为；保障机制为管理活动提供物质和精神条件的基础支撑。

4）加快提高物流业及相关产业信息化程度的进程，鼓励多重物流模式的发展。

物流业作为衔接供应链供需双方的纽带，是供应链上的资源和信息的重要载体，相关信息的收集、处理、传输对物流及供应链企业的高效运作有着深远的影响。因此，应将现代化的信息技术运用于物流各环节中的沟通和协调，鼓励物流业通过技术创新，实现机械化、自动化、智能化装备水平。循环经济下的物流业发展不应拘泥于单一模式，物流业是综合性产业，涉及多重行业，差别很大，从实体货物到虚拟产品都存在很大的差异，再加上行业之间的发展差异，物流业从经营组织方式、发展规模、领域、区域等方面讲，都各有特点。应根据实际发展水平，采取因地制宜、分类发展的原则，鼓励发展第三方专业物流。

5）发展精益物流，注重逆向物流和循环物流，减少资源浪费。

精益思想起源于日本，其核心是以较少的投入创造出尽可能多的价值，目的是提高每一环节的资源利用率，杜绝浪费。应大力发展精益物流，重视退货和回收物流，尽最大可能在物流过程中抑制对环境造成的危害，实现资源的循环利用。目前精益思想的理论和实践在日本已经相对比较成熟，我国相关的企业、科研机构等专家学者可进行借鉴，将精益物流与供应链管理的思想密切融合起来，提出一套适合我国产业发展的"精益物流与供应链"新概念。政府及相关部门应对其进行广泛推广，并鼓励企业通过技术创新、管理创新等手段来推动精益物流的实现。

（四）房地产业循环经济

房地产业发展循环经济的重点，就是在房地产建设各个环节贯彻"一个核心、三个原则"。"一个核心"是指保护环境和节约各类资源，"三个原则"是指资源节约、合理利用和再利用。要节约水资源、建筑材料、土地等各类资源，加大水资源再利用和废弃物的再利用与再生利用，充分利用天然能源等，创造健康、舒适的居住环境，包括适宜的室内外温度、无害的空气环境，以及室内外的声、光、振动等环境，与周围环境相融合。根据用地条件创造良好的自然环境并改善景观，与周围生态环境相和谐，与地区社会相和谐等，进一步拓展房地产开发投资融资渠道，支持和吸引多种经济成分参与房地产开发。把房地产开发与旧城改造、"城中村"改造、新型农村住宅社区建设相结合，不断提升城市品位和人居环境。加快建立保障性与开发性相结合的城市住房供应体系，加大经济适用住房建设和廉租房供应。积极实施低能耗、绿色建筑示范工程，发展节能省地型住宅。不断完善房地产二级、三级市场，扩大住房消费需求。进一步整顿和规范房地产市场秩序，完善市场信息披露制度，健全房地产开发企业信用档案系统。围绕城区功能布局，加快商业网点和城市配套设施建设。规范发展室内装饰产业，提高物业管理水平。

1. 基于循环经济的房地产经营管理

循环经济是随着社会的发展以及保护环境的急切需要而提出的一种生态经济，在运行过程中以"减量化、资源化、再利用"为基本原则，以确保资源的循环使用和提高资源的利用效率为核心，要求将清洁生产、资源综合利用以及可持续消费等融为一体，切实运用生态学的规律来指导人类的经济活动，是为了顺应时代及社会发展对传统经济模式进行的根本性变革。可见，循环经济是我国实现建设资源节约型、环境友好型社会这一目标的必由之路，是实现资源、环境、社会三方面可持续发展战略的重要途径。

（1）基于循环经济的房地产经营管理体系

基于循环经济的房地产经营管理体系需要由原本以经济效益为核心的管理模式向生态化的管理模式转变，实现房地产的绿色经营管理。这就需要在房地产发展过程中，遵循市场经济规律，同时兼顾生态发展规律的要求，实现经济同生态环境的协调发展，实现社会、经济、生态三方面效益的有机结合。房地产的绿色经营管理涉及房地产管理的各个方面，并贯穿房地产经营管理的整个过程。因此，在房地产经营管理的过程中要以实现可持续发展为根本目标，实现生态环境设计、绿色创新、清洁生产、绿色营销、可持续消费等，彻底改变目前房地产粗放型的生产方式及纯经济型的管理方式。

房地产绿色经营管理体系的结构主要包含管理目标、实施对象、技术要求及相关支撑体系等。其中，管理目标是社会、经济、生态方面效益的协调优化，有机组合。在房地产经营管理的过程中，要在尽最大可能提高资源利用率的同时，减少房地产在整个环节中对生态环境的不利影响。就实施对象而言，主要要求房地产对其整个项目生命周期的各个主体均制定严格的环境管理指标，并保证其在各个环节、各个主体之间均被严格遵守，切实实施。技术要求则涉及房地产整个项目生命周期的各个环节的环境、资源的技术处理，如绿色采购、绿色规划、绿色建设、绿色消费等。相关支撑体系主要是指与房地产绿色经营管理相配套的相关体系，如数据库、信息库、绿色评估体系、绿色决策支持系统等，这些体系均是房地产绿色经营管理过程中必不可少的重要支撑。

（2）基于循环经济的房地产经营管理的措施

转变经营管理理念。房地产经营管理需要顺应时代的发展要求进行切实的转变，由以前单纯地追求经济效益转向社会、经济、生态三方面效益的协调有机统一，在整个房地产行业树立绿色经营管理的理念。就人员方面而言，涉及房地产整个项目生命周期的所有参与人员，尤其是相关的领导层和指挥层。就环节方面而言，涉及房地产整个项目生命周期的各个环节，如设计、建设、营销、消费，以及相关材料技术等。也就是说，房地产的绿色经营管理理念要在房地产企业的每一位人员的思想里得到树立，在房地产整个项目生命周期中得到贯彻，只有这样，才能够实现绿色的经营目标，切实促进循环经济模式在整个社会的推进。

完善组织机构。房地产的绿色经营管理在具体的实施过程中涉及的领域众多、环节繁杂，必然需要强有力的领导及完善的组织机构来保证其有效实施。在该机构中更要落实绿色经营管理理念，明确人员、经费、工作任务及相关职责，充分发挥其引导和协调作用，保证各个领域和环节中绿色经营管理的有序、高效运行。在房地产企业中只有完善绿色经营管理组织机构，才能为循环经济背景下的房地产的经营管理提供切实的组织保证和支持，促进房地产绿色经营管理的进行。

建立健全相关制度、机制。在房地产绿色经营管理中，制度的制定及实施是绿色管理能够切实运行的制度保障。只有在可持续发展的绿色管理理念的基础上建立健全相关制度，才能确保在循环经济背景下的房地产经营管理进一步发展。一方面，要建立健全相应的工作运营机制，健全资源节约管理制度，明确环境操作标准，加强在房地产建设和运用过程中的成本管理、定额资源消耗管理，以节约资源，提高资源利用率，降低污染物产生及排放，加大生态环境保护力度，实现经济与生态效益的有机统一。另一方面，要加强绿色经营管理的人员分工，明确岗位职责，并通过有效的激励及约束机制来调动工作人员进行绿色经营管理的积极性和主动性，从而提高工作效率。此外，要注重绿色经营管理相关支撑体系的建立和维护，如建立与绿色经营管理相统一的信息知识库、创建绿色化的评估机制等，以此对绿色经营管理形成支撑，促进其更好发展。

企业文化。企业文化是企业的生命力，贯穿企业运行的各个环节。因此在房地产绿色经营管理模式的推进过程中，要进行绿色的企业文化建设，通过绿色的企业文化建设，将可持续发展的观点融入其中，使社会、经济、生态三方面效益有机协调统一的理念贯穿于房地产的企业文化中，促使房地产绿色经营管理成为常态，促使绿色经营管理具体化、细节化。只有这样，才能为房地产绿色经营管理的持续、有效、健康进行提供良好、和谐的环境氛围。

2. 房地产业循环经济评价指标体系

以循环经济基本理论为指导，针对房地产项目，构建一套相对完整的、具有较强可操作性的循环经济效果评价体系，用于房地产循环经济推进效果的科学度量。

（1）房地产推进循环经济效果评价体系的设计思路

房地产推进循环经济的总体思路是：以可持续发展为指导，按照循环经济的理念，尊重物质和能量循环规律，全面树立资源节约和废弃排放减量的生态化理念，推动房地产业全面升级，科学评价房地产项目生态化建设成效和循环经济的实施效果，指导房地产企业不断提高循环经济建设水平。具体研究方法包括归纳总结、逻辑论证、因果分析等，参阅国内外有关循环经济评价体系的最新研究文献，在分析可持续性建筑、绿色建筑、生态建筑的评价指标体系的基础上，按照文献研究—频度统计—专家意见咨询—指标体系筛选的研究思路，对影响房地产推进循环经济效果的众多因子进行分析、梳理，提出针对房地产业推进循环经济效果的评价指标体系。

（2）房地产推进循环经济效果评价的指标频度统计

为了使构建的指标框架具有全面性和代表性，能综合地反映影响房地产项目推进循环经济的各个方面，从不同角度反映房地产项目在经济、社会、生态环境等方面的主要特征和状况，指标的选取需具有代表性和典型性。

循环经济作为环境友好和资源节约的经济运行方式，对它的评价应涵盖经济效益、资源节约和生态建设三个方面。第一，土地、资源和资金等重要资源投入的节约效果和使用效率是衡量房地产经济运行效果的重要标志；第二，水、能源和原材料等主要资源投入的综合利用效率是衡量经济运行中环境友好和资源节约的重要标志；第三，废弃物和排放物如果能够作为资源再用，不仅可以实现废弃物和排放物减量所产生的环保效果，还可以实现资源投入的减量，是循环经济的精髓所在，因此资源的循环和再利用是衡量循环经济效果不可或缺的指标；第四，废弃物和排放物如果无法再利用，需要对其进行环境无害化和减量化的衡量，即房地产项目在建筑和运行过程中不能对环境造成污染，在此基础上，进一步考量经济运行过程中废水、废气和固体废弃物排放总量减量化的环境友好特征；第五，房地产项目推进循环经济需在房地产项目的全生命周期内进行，包括规划、设计、施工、运行和改造重建等阶段，因此设计规划选址的生态性、管理运营以及运行阶段人所感知的舒适和健康也都是衡量房产项目推行环境经济效果的重要指标。另外，为鼓励企业使用绿色设备和设施，从资源共享方面提高公共资源的综合利用效率，进行可持续性发展，需要考量房产项目的科技进步和发展潜力。

第二节 循环经济发展模式的政策支持探析

一、资源价格改革

发展循环经济，需要理顺自然资源价格，逐步建立能够反映资源性产品供求关系的价格机制。

（一）水资源价格改革

我国是一个水资源短缺的国家。发展循环经济、促进水资源可持续利用是我国经济社会发展的战略问题，推进水价改革、建立科学的水价体系是发展循环经济，促进水资源可持续利用的关键。随着社会主义市场经济体制的基本确立，我国水价改革也取得了很大进展，但还存在水价水平低、结构不合理等问题。其中，作为反映水资源价格的水资源费水平低、资源价格与终端价格的比价不合理问题十分突出，亟待改革。

（1）完整水价应该包括资源成本、供水工程成本以及环境成本三个部分。

市政用水、工业用水和农业灌溉用水，都需要经过人类劳动加工处理，都是商品，价格应该等于用水的全部成本。用水的成本包括厂商处理水（包括取水、输送和加工）的成本，但是，水设施处理水的成本并没有反映用水的全部机会成本。人们要获得天然水资源，也要付出代价，这个代价包括其他用水者、其他用水类别减少用水的损失。

即使个人不付代价，社会也会为此付出代价，这个代价是作为自然资源的天然水的价值，表现为水资源的价格。如果水价中不包括水资源价格，就没有反映用水的全部机会成本，必然造成用水者得到的效益超过其负担的用水成本，导致水资源的不合理配置和浪费。

大量供给的水创造了一种低成本的吸收、稀释、运送废物和污染物的能力。水体由于其吸收能力，因此其是一种重要的财产，而且是一种稀缺的共有或公共财产。由于用水必然会排水，会污染水体，用水必须支付环境成本，水价必须反映环境代价。

因此，完整水价应该包括资源成本、供水工程成本以及环境成本三个部分。资源成本表现为水资源价格或资源水价，目前通过水资源费的形式体现。

（2）水资源价格是水价体系中最重要、最活跃的组成部分。

水资源价格是由水资源的有用性和稀缺性决定的，反映了水资源的价值，在实践中是通过为取得水资源产权即水权的支付来实现的。

正是由于有用的水资源是稀缺的，因此才有水权体系；在水资源稀缺的条件下，取得水权就意味着获得相应的利益，取得资源要向资源所有者支付费用。如果资源没有稀缺性，任何人可以随意取用，使用资源就没有了机会成本（不包括资源加工成本），也无所谓取得资源产权的支付。水资源价格要根据各个区域或流域对水资源的需求和供给来确定，并随着供求的变化而变化。

水资源价格的提出有非常重要的实践意义，它回答了在水资源稀缺条件下提高水价的理论依据和所得收入的用途问题。目前我国水资源短缺日趋严重，按照市场规律，必然要提高水价。但如果水价只是工程水价，即供水设施的供水成本，在供不应求的前提下，不管水资源的稀缺程度如何变化，这部分供水成本变化不大，用户就难以理解为什么要提高水价。如果提高水价就是提高工程水价，增加自来水行业的利润，必然遭到用户的反对。水资源价格的提高，就说明在水资源稀缺状况下提高水价实际上是提高水资源价格。因为水资源越短缺，稀缺租金越高。我国水资源归国家所有，水资源价格要由政府来征收、管理和使用，不能作为供水企业的利润，而要用于解决水资源的短缺问题，实现水资源优化配置。从供水企业的角度看，能收取这部分费用靠的是对水资源的占有获得的垄断利润，而不是对技术或市场的垄断获得的垄断利润。这种独占权是国家授予的，而不是通过竞争获得的，所以这部分垄断利润归国家所有。

水资源价格的提出，还解决了调水工程的可行性问题。按照市场规律，只有当本地现行水价上升到高于调水的水价时，调水工程从经济上看才是可行的；同时当调水工程通水时，由于供给大量增加，水价只有下降才能使市场结清。如果只考虑工程水价，调水的水价必然高于本地供水水价，调水工程就没有可行性，必然误导决策。比如南水北调工程，从长江调水的生产成本远高于受水区开发当地水资源的生产成本。但考虑水资源价格后，其结果就不一样了。由于过度开发当地水资源会带来严重的资源与生态问题，合理规模的调水既有助于缓解过度开发当地水资源对环境和生态的破坏，又不会对调出区产生重大影响，因此开发当地水的水资源价格远远高于调水的水资源价格。考虑水资源价格后，就能引导人们使用调来的水，减少过度开发。这样的水价才能正确引导水资源配置。

（3）水资源的稀缺性要求提高水资源费水平。

虽然水资源是可再生的，但人类可利用的淡水资源十分有限，只占全球总水量的2.57%。当前水资源短缺已经成为全球性的问题，全球有80个国家约15亿人口面临淡水资源不足的现状，其中 26 个国家的 3 亿多人口完全生活在缺水状态中。国际水资源管理协会的专家发出警告，到 2025 年世界上将只有 1/4 的国家有足够的饮用水，如果不注意节约、保护水资源，不久的将来，水资源将会成为比石油还要贵重的商品。

我国水资源面临的形势十分严峻，人均水资源量不到世界平均水平的 13%，时空分布不均、水资源短缺已成为严重制约我国经济和社会发展的因素。按目前的正常需要且不超采地下水，正常年份全国缺水量近 400 亿立方米。全国 660 座城市中有 400 余座供水不足，其中严重缺水的有 110 座。农田受旱面积年均达 3 亿亩左右，平均每年因旱减产粮食 280 多亿公斤。随着社会经济的进一步发展，水资源短缺的问题将日益严重。预计到 2030 年我国人口达到高峰，在充分考虑节水的情况下，估计用水总量达到 7000 亿~8000 亿立方米，接近水资源最大可利用量。如果不采取有力措施，我国相当一部分地区有可能在未来出现严重的水危机。

面对水资源短缺的严峻形势，水资源费征收标准普遍偏低，没有反映水资源本身的价值和稀缺程度。水资源价格与价值严重背离，导致水资源短缺与浪费局面并存。我国绝大部分地区农业生产仍然采用大水漫灌的方式，包括在频频断流的黄河流域。全国平均每立方米用水实现国内生产总值仅为世界平均水平的 1/5。农业灌溉用水有效利用系数为 0.4~0.5，而发达国家为 0.7~0.8。每立方米用水粮食增产量不足 1 公斤，发达国家为 1.6~1.8 公斤。一般工业用水重复利用率在 60% 左右，发达国家已达 85%。许多城市输配水管网和用水器具的漏失率高达 20%。另外，水资源作为基本的生产要素，是影响产业结构、产业布局的重要因素。我国各地区水资源条件不同，一个流域、一个地区的经济发展要充分考虑水资源条件，按照水资源状况筹划经济社会发展布局。缺水地区要限制高耗水的工业、农业，鼓励发展高科技的产业；水资源丰沛的地区，在处理好排污的基础上，可以多一些高耗水产业，从而形成各展所长、优势互补的区域特色经济。但是，在水价过低的前提下，水资源条件对产业结构、产业布局的影响力很弱，人们决策时较少考虑水资源条件，许多不合理的调水工程应运而生，如我国西北地区很多高扬程远距离灌溉工程成本高、效益差，而且造成水资源调出区生态恶化。

水资源虽然是一种再生性资源，但它的需求面很广，本身资源量也有限，属于一种数量有限、不能无限制满足取用的资源。应当改变当前水资源费征收标准低的现状，发挥水资源费作为经济杠杆调节水资源供求关系矛盾的作用，以达到合理配置水资源和节水的目的。

（4）合理提高水平，理顺水资源与最终产品的比价关系。

2006 年 2 月 21 日，国务院公布了《取水许可和水资源费征收管理条例》（国务院令第 460 号，以下简称《条例》），并于 2006 年 4 月 15 日起施行。《条例》明确了水资源费的征收范围、标准制定权限、水资源费征收和缴纳程序，规范了水资源费的分配和使用。但是我国地域辽阔，地区间自然条件和经济发展水平差异较大，难以制定全国统一的水资源费征收标准。因此,《条例》规定水资源费标准的制定原则,具体标准按定价权限由相关部门制定。在调整水资源费时,要注意以下几个问题:

第一,各流域、各区域要从实际出发。在统筹考虑流域水资源和流域内各区域用水情况的前提下,按照有利于节约和保护水资源的原则,根据水资源状况、本地产业结构、用水水平和社会承受能力等情况,制定各行政区域和行业水资源费征收标准。

第二,统筹协调提高水资源费并完善水价体系。目前我国水价总体水平偏低,同时,污水处理费也不到位。因此,要从完善整个水价体系出发,统筹考虑,在适时调整水资源费征收标准、促使水资源费逐步到位的同时,要合理提高水利工程供水水价和城市供水价格,对未开征污水处理费的地区要限期开征,已开征的地区要尽快将污水处理费调整到保本微利的水平。在水资源费、工程供水水价、污水处理费与终端水价之间,要形成合理的比价关系。

第三,要考虑用水户的承受能力。水价政策不仅关系到水资源配置和用水的效率,而且会带来收入分配效应。水价不能超过居民和企业的承受能力,维持生命必需的基本用水需求必须得到保证。因此,提高水资源费标准,必须考虑用水户的承受能力,给予区别对待。

(二)土地资源价格改革

土地产品的价格改革要反映土地资源的生态环境保护代价,加强土地资源的市场化配置,促进土地资源节约利用。

(1)土地产品的价格要反映土地资源的生态环境保护代价。

在核算土地成本构成时,应将当前土地使用者由于使用单位面积土地资源而偿付的直接费用(包括内部环境成本,如耕地占用税、预防污染费、污染治理费)、未来单位土地面积使用者因当前土地资源的使用而遭受的净利益损失(对于土地这种可循环利用的资源而言,未来可使用土地资源的人们的净利益损失特指土地资源质量下降的损失)、目前由于使用单位面积土地资源而对他人造成的损失即所谓外部不经济性(包括内部化的环境成本,如环境污染罚款、赔偿等)三部分均考虑在内。在土地价格核定过程中既要包括传统土地产品价格,还应包括土地资源价格。

(2)要加强土地资源的市场化配置,促进土地资源节约利用

第一,加强土地出让的计划管理,发挥政府对地价的控制和导向作用。在市场经济体制中,土地使用权可以在市场上流动,但其不同于一般商品,必须加强政府宏观调控,引导投资方向,影响地价水平和投资者的经营决策方向,以达到公平竞争的目的。

第二,加强城市地价的动态监测,建立基准地价定期公布制度。依照基准地价制定并公布协议出让土地最低价标准,协议出让土地价格不得低于最低价标准。目前我国已建立起国家级地价动态监测体系,并把每年12月31日作为动态监测的基准日,

每年1月1日向社会公布基准地价。目前工作重点是加强各省、市、自治区的地价监测网建设。

第三，以基准地价为依据，加强对申报地价的审核，完善对成交地价、租金、抵押及土地其他项权利状况的登记，维护合理的价格水平，克服虚报、瞒报土地成交价，保护农民的土地权利，严格依法进行农用地转用和土地征用。

第四，建立健全土地市场体系，把地价管理，如城市土地地价动态监测、基准地价定期公布和更新等方面的内容纳入法制化进程，依法强化土地利用规划的权威，严禁随意改变土地利用的方向，应用法律科学地指导土地交易，经营性用地实行招标、拍卖和挂牌方式出让，培育和规范土地市场，强化土地资源管理。

（三）能源价格改革

能源价格改革的基本思路是引入竞争机制、再造监管体系，充分挖掘市场机制的调节能力。第一，建立竞争型市场结构。必须削弱现有大企业对市场的控制力，包括鼓励国内私人资本、外资进入能源行业，并有必要对国有企业做进一步的重组，实现有效竞争。第二，再造基于市场经济的能源价格监管体系，建立职能完备的能源价格监管机构，完善监管的规则体系以及利益相关者间的制衡机制。第三，建立能源价格补偿与限制机制。对于如风能、生物质能、潮汐能等可再生能源的开发和利用，政府可以进行定额补贴（即根据可再生资源与常规能源的成本差额，按单位予以定额补贴，但其价格由市场决定），按可再生资源的实际成本核定价格，并强制经销企业全额收购，以此进行价格改革。同时，对于增量国有资源使用权的分配，可通过规范的招标进行；对于存量国有资源的使用，建立完整科学的资源税、费体系（如资源税征收标准根据资源产品价格的水平分档设计，资源税征收基础改按产量计征为按占用资源量计征）。

二、财税政策

结合国务院颁布的《关于加快发展循环经济的若干意见》，我国财税政策主要应在以下方面进行调整并尽快出台相应措施：

（一）近期支持循环经济发展的财政政策

近期支持循环经济发展的财政政策主要有：完善有利于资源节约的税收和收费政策、优化财政支出结构、创立专门的循环经济投资基金，以及加大节能、节水和环保认证产品的政府采购力度。

（1）完善有利于资源节约的税收和收费政策

调整高耗能产品进出口税收政策。在进口税方面，降低高耗能产品进口关税，对相关进口企业给予所得税减免等税收优惠，对于高能耗仪器、设备、技术的进口提高进口关税与进口环节增值税。在出口税方面，在国际允许的范围内，大幅提高出口关税，降低或取消此类货物的出口退税，对此类商品的出口进行限额管理。

适时开征燃油税。借鉴国外经验，从生产厂家或海关直接征收该税，将其归为国税，并且实行差别定税，即对汽油类与柴油类用油制定不同税率。操作过程中可由各级国税局征收，合理确定相关利益方的分配比例，可按各部门在税改前的实际财政支出比例划分。同时设立专项基金对税费所得进行管理。

完善消费税。调节已有的某些消费税种的税率，对节能、环保型消费品降低税率或减免征税；将高能耗、高物耗产品纳入消费税征收范围；建议将对环境污染大的物品列入征税范围。

调整有利于促进再生资源回收利用的税收政策。加大对再生资源回收利用技术研发费用的税前扣除比例；生产再生资源回收利用设备的企业及再生资源回收利用企业可以实行加速折旧法计提折旧；购置相关设备的企业，可以在一定额度内给予投资抵免企业当年新增所得税的税收优惠；对再生资源回收利用的企业减免所得税；对生产在《资源综合利用》范围内的废弃再生资源产品的企业，免征相关所得税。研究以资源量为基础的矿产资源补偿费征收办法。根据不同矿产资源的资源量，实行差别定税，稀缺程度越高，税率越高；在明晰资源产权的条件下，按照矿产品销售收入的一定比例征收补偿费；对所有矿产企业（包括亏损企业）征收矿区使用费；避免矿产资源补偿费与资源税的重复征收；矿产资源补偿费采用从价法征收，随市场价格及矿山企业收益情况而变化。

制定鼓励低油耗、小排量车辆的税收政策。低油耗、小排量车辆作为一种节能环保产品，要经过"设计—生产—销售—消费—报废"的产品生命流程。可以考虑在产品生命流程各环节采取不同措施对其实施税收优惠政策：在产品开发设计阶段，对企业与技术提供商实行税收减免或补贴，对节能生产设备实行加速折旧；对产品生产企业降低所得税税率；对于流通企业实施增值税减免；对消费者免收此类商品消费税，降低此类商品燃料税税率；对专门回收此类商品的企业，在其营业之初，减免所得税。

（2）优化财政支出结构

加大财政对政府节约能源和政府机构节能改造的支持力度。对于政府机关的办公场所，以节能设施改造和提倡减少浪费为财政支持重点，进行政府节能采购，各政府机构必须采购有"节能"标识的产品。

各级政府在对机构内建筑、照明、采暖、制冷、办公设备、车辆等用能设施、设备和产品等进行节能改造过程中，按一定比例下拨补贴。对于在节能方面表现突出的机构给予奖励。

加大支持循环经济的政策研究、技术推广、示范试点和宣传教育。增加循环经济政策与技术研究的科研费用；安排专项资金支持能源、资源效率技术的推广项目，重点、重大项目由政府全资扶植，其他项目以贷款或部分拨款形式推进；在宣传教育方面，编印宣传材料与组织培训的费用由财政预算支出，同时提供部分经费，支持各类媒体与社会团体在循环经济与节约型社会方面的宣传教育活动。

用政府贴息等手段加大对企业符合循环经济要求的污染防治项目的投入力度。对于符合循环经济要求的污染防治项目、技改项目，不论所有制性质，都按照"突出重点，综合平衡"的原则给予贴息贷款支持。由中央和地方各级政府确定贴息标准，分期、分批投入。

（3）创立专门的循环经济投资基金

建立中央级综合性循环经济基金。目前，中央级循环经济投资基金可以由政府财政出面设立，积极引入其他长期性的社会资金，主要包括邮政储蓄资金、全国社会保障基金、地方社会保险基金、长期性保险资金、企业年金等。具体筹集方式可以因地制宜，并进行谈判和协商，比如可以考虑赋予该循环经济投资基金管理机构以发行专项金融债券的权力，向各类主体进行融资，这样既实现了对循环经济的金融支持，也为各级长期性资金主体提供了更多投资途径。

建立中央级专项循环经济基金。这主要是指由中央政府及各部门所成立的、专门用于循环经济发展特定领域，如污染控制、绿化和风沙治理、特定能源的约束或鼓励使用等的基金。该类资金的来源主要可以考虑财政拨款、国债项目安排，也可以考虑面向社会发行循环经济彩票等。另外，2015年财政部出台了《可再生能源发展专项资金管理暂行办法》，为该类基金的试点奠定了基础。为了更广泛地提高资金使用效率，可以借鉴该类专项资金的管理办法，在此基础上完善管理机构和管理运行模式，成立针对具体循环经济促进领域的基金。

（4）加大节能、节水和环保认证产品的政府采购

充分认识建立政府强制采购节能产品制度的重要意义。近年来，各级国家机关、事业单位和团体组织在政府采购活动中积极采购、使用节能产品，大大降低了能耗水平，对在全社会形成节能风尚起到了良好的引导作用。同时也要看到，由于认识不够到位、措施不够配套、工作力度不够大等因素，在一些地区和部门，政府机构采购节能产品的比例还比较低。目前，政府机构人均能耗、单位建筑能耗均高于社会平均水平，节能潜力较大，有责任、有义务严格按照规定采购节能产品，做好节能工作。建立健全和严格执行政府强制采购节能产品制度，是贯彻落实《中华人民共和国政府采购法》以及国务院加强节能减排工作要求的有力措施，不仅有利于降低政府机构能耗水平，节约财政资金，而且有利于促进全社会做好节能减排工作。从短期看，使用节能产品可能会增加一次性投入，但从长远的节能效果看，经济效益是明显的。各地区、各部门和有关单位要充分认识政府强制采购节能产品的重要意义，增强执行制度的自觉性，采取措施大力推动政府采购节能产品工作的进程。

明确政府强制采购节能产品的总体要求。各级政府机构使用财政性资金进行政府

采购活动时，要在技术、服务等指标满足采购需求的前提下，优先采购节能产品，对部分节能效果、性能等达到要求的产品实行强制购，以节约能源、保护环境、减少政府机构能源费用开支。建立节能产品政府采购清单管理制度，明确政府优先采购的节能产品和政府强制采购的节能产品类别，指导政府机构采购节能产品。

（二）远期促进形成资源节约利用的财政长效机制

远期促进形成资源节约利用的财政长效机制包括：完善生态环境税收体系，将节能环保科目纳入财政预算体系，适当调整现有税制中的有关税种等。

（1）完善生态环境税收体系

完善资源税。首先，将资源税与环境成本以及资源的合理开发、养护、恢复等挂钩，根据不可再生资源替代品开发的成本、可再生资源的再生成本、生态补偿的价值等因素，合理确定和调整资源税税率。其次，应扩大资源税的征收范围。此外，可将现有的某些资源性收费并入资源税。

调整税收优惠政策。在投资环节，对企业进行治理污染和环境保护的固定资产投资，减免固定资产投资方面的调节税，或允许此类固定资产加速折旧；在生产环节，对采用清洁生产工艺、清洁能源进行生产的企业，以及综合回收利用废弃物进行生产的企业，在增值税、所得税等方面给予优惠；在消费环节，对利用可循环利用物资生产的产品、可再生能源等征收较低的消费税，对环境污染严重或以不可再生资源为原材料的消费品征收较高的消费税；在其他环节，如科研、产品的研制和开发、技术转让等领域鼓励对环保产品和技术的开发、转让，对环保企业给予所得税上的优惠等。

征收环境保护税。可考虑将现行针对排污、水污染、大气污染、工业废弃物、城市生活垃圾废弃物、噪声等方面的收费制度改为征收环境保护税，建立起独立的环境保护税种，充分发挥税收对环保工作的促进作用。

（2）将节能环保科目纳入财政预算体系

我国目前财政预算支出中，有环保支出科目，但没有与环境与资源相关的节能科目。所以，在进行预算支出调整时，应将环境保护、节能支出作为预算支出的大类单列，并下设环境监测、污染治理、环境规则及各类资源保护等子目，把环保、节能支出作为财政的经常性支出，加大政府财政对这类支出的保障力度，通过公共财政改革为环境保护、资源节约提供新的资金支持渠道。

（3）适当调整现有税制中的有关税种

目前我国的税收体系中，所得税、增值税等税种在某些方面还不适应建设节约型社会的要求，甚至是与节能环保相冲突的。如在所得税方面，国家为扶植某些中小型企业，对其进行税收减免，而其中的一部分恰恰是环境污染与能源浪费的大户。此外，在理论上讲，建立节约型社会，对节能设备和产品进行直接税收减免是可行的，但实际操作中，这与我国的税改方向是相悖的。所以，必须调节目前税制中不利于节能环保的税种，但这个调节的过程是复杂而长期的，不能一蹴而就，必须有长远眼光。

三、产权政策

产权政策实际上是发展循环经济的重点与前提。资源与环境的市场价格实际上就是其产权价格，如果没有明晰的产权，那么相关的价格对策、财政对策、投资对策、消费对策的实施效果都将难尽如人意。而从我国目前的国情来看，产权改革是发展循环经济过程中最复杂、最艰难的环节。

循环经济产权市场制度建设包含三个层次，即产权界定、交易权安排、产权交易制度，优化我国的循环经济产权市场制度，必须针对我国在这三个层次的产权制度安排所存在的问题和不足采取有效的建设路径和对策。

（一）建立市场化的循环经济公共产权规制模式

循环经济产权市场作为一个混合市场，必须首先优化"公"权市场。我国目前的生态产权市场主要以"公"权形式存在，故引入市场化的"公"权市场模式是我国发展循环经济产权市场的第一步，也是目前条件下的重要一步，可以有效解决我国环境与资源产权初始界定过度国有化而造成严重的"政府失灵"问题。引入市场化的"公"权市场模式需要两个步骤：一是环境与资源所有权代理市场化；二是环境与资源的使用权获得市场化。

行使环境与资源的所有权，存在着从国家到地方再到具体代理人层层委托的代理关系，因此，也就同时存在着代理人行为严重背离生态环境与资源公共产权主体和终极所有权人利益的可能，从而导致"政府失灵"。解决生态代理"政府失灵"最有效的途径是加强权力制衡，引入"公"权交易市场（选票交易），在此基础上优化政府生态规制，包括强化对生态代理者的规制、建立生态代理租金消散机制、放松生态规制和优化规制手段等，同时引入自然资源产权代理者竞争机制，即引入政府间的竞争。引入自然资源产权代理竞争的基本做法是把生态环境保护纳入各级政府"政绩"考核的指标体系，并把传统的 GDP 核算转化成绿色 GDP 核算，以量化评估各个代理人的生态环境保护绩效。引入市场化的"公"权市场模式的第二个步骤是生态环境与资源的使用权获得市场化。要打破"公有"—"公用"的环保运行范式，必须改变环境与资源使用权无偿获取的产权安排制度，引入市场竞争和有偿获得生态环境资源使用权的产权安排制度。为解决环境与资源所有权与使用权权益不对等的问题，必须实行使用者支付制度。对自然资源使用权的获得，根据不同自然资源的性质和用途规定不同的使用税费和获得途径，如对紧缺资源实行高标准收费使用制度、对不可再生的特别资源实行管制使用制度、对一般性再生资源实行市场定价制度、对公益性资源实行限价使用制度等。

（二）在现有所有权的安排下，实现环境与资源使用权与经营权市场化

现阶段，在我国循环经济产权市场发育不良，环境与资源产权管理存在较大程度的"政府失灵"的条件下，推进循环经济产权市场规范化建设需要相对稳定的所有权安排，即由国家作为环境与资源产权所有权主体的过渡阶段，先在此基础上实现环境与资源使用权和经营权的明确界定和市场化后再实行部分所有权市场化，以避免所有权界定、划分和交易引起循环经济产权市场混乱和垄断，造成环境与资源产权失序。

（三）把部分环境与资源的所有权私有化，形成公私产权接轨的混合市场

环境与资源产权交易多种多样，但最彻底的产权交易是所有权交易。所以，我国循环经济产权市场的完善，最终需要将部分的环境与资源的所有权私有化，为引入完善的市场机制创造基础条件。

（1）从单一的自然资源所有权到建立多元化的所有权体系

根据自然资源产权多样化特征，应分门别类建立起多样的所有权体系。对于产权界限比较清晰的自然资源，如森林、草原、矿山等，应在平衡公共利益和所有者与使用者利益的前提下，根据其使用、经营的公共性和外部性，将自然资源的所有权分配或拍卖给不同的产权主体，包括国家、地方政府、企业和个人；对于产权边界模糊而难以界定、外部性很大的自然资源，如海洋水产资源、地下水、大气等，应继续以公共产权主体为所有者，但需要改变目前政出多头的所有权结构，以统一的机构组织作为单一的所有者来管理。

（2）建立可"回收"的环境纳污资源（排污权）所有权制度

可"回收"的环境纳污资源所有权制度有三种"回收"形式：第一种形式为厂商通过减排获得的排污权可归自己所有，在规定的时期内自己安排使用，并可出售给其他厂商。这是排污权制度最基本的形式。第二种形式为排污权"存权"制度，即厂商可以像存款一样把减排获得的排污权在没有交易对象时存放在"排污银行"里，可以在某个时候取出来出售或使用。美国实行的是这种制度。第三种形式为排污权的间接所有制度，即企业可以进入排污治理设施建设和经营领域，为企业单独或集中处理污染排放物，从而间接获得排污权的所有权，把其出售给企业或返卖给政府。1980年后，这项制度已在欧美国家开展实施。我国的排污权所有权安排和市场建设应同时实行这三种形式的制度，因为这三种制度一脉相承、相辅相成。在我国目前环保资金投入不充足的情况下，尤其应抓紧第三种制度的推行。

四、科技政策

做好循环经济科技战略和规划有利于相关资源的优化配置，同时也为科技政策法

规和制度建设提供参照。我国"十一五"时期科技发展规划中明确提出，要在能源开发、节能技术和清洁能源技术方面取得重大突破，促进能源结构优化，主要工业产品单位能耗指标达到或接近世界先进水平，同时在重点行业和重点城市建设循环经济的技术发展模式，为建设资源节约型和环境友好型社会提供科技支持。

为此，国家制定了一系列的政策措施。在能源方面，由于供需矛盾尖锐、结构不合理，因此科技政策以节约能源、降低能耗为基础，需要攻克主要节能领域的节能关键技术、开发清洁能源技术、发展建筑节能技术、实现可再生能源技术突破，以自主创新的原则为主，同时注意对先进能源装备技术的引进、消化、吸收和再创新。在水资源方面，重点突破农业节水与城市水循环利用技术，发展海水淡化、污水治理等技术。在矿产资源方面，研究复杂地形、矿区条件下的采矿技术，提高冶炼技术，突破现有矿产勘探技术。在环境方面，大力发展清洁生产技术，突破生态功能退化综合治理技术，研究废弃物资源化技术，开展海洋生物技术与环保技术研究。在农业方面，要开发环保肥料技术和生态农业技术。在制造业方面，完善企业技术创新，在产品设计、开发、加工、制造等环节推广绿色技术，形成高效、节能、可循环的新工艺，等等。

五、投资政策

我国循环经济投资体制还存在一些问题，如投资额在 GDP 中所占比重小，投资政策不能落到实处，环境治理资金投入不足，资金来源单一，投资效率不高等。在新的经济体制背景下，建设发展循环经济的投资体制必须结合国家投融资体制改革的方向进行变革，建立起与市场经济相适应且与国家财政、金融和投资体制改革方向相一致的循环经济投资体制。这种体制应该既能够明确不同投资主体的投资地位及融资方式，体现计划管理和政府的宏观调整调控能力，又能服务于循环经济投资各个环节和市场体系，以提高环保投资效益并最终实现更高的资金投入。

六、消费政策

建立有利于循环经济发展的消费政策，首先，在消费理念上，要把推动循环经济发展作为重要内容，进一步加大宣传教育力度，转变各种消费群主体的传统观念，树立可持续的消费观和节约资源、保护环境的责任意识，引导消费者自觉选择有利于节约资源、保护环境的生活方式和消费方式。其次，完善环境标识制度，建设绿色市场，倡导消费绿色产品，鼓励绿色消费行为，加大对绿色产品生产销售中违法行为的打击力度，创造良好的绿色消费环境。

第三节 循环经济发展模式的域外经验的借鉴分析

一、国外发展循环经济的主要模式

在国际上，循环经济模式从 1966 年出现思想萌芽到现在的体制推进和理论整合，其发生发展可以粗略分为循环经济的思想萌芽和初步探索阶段（1966—1992）、循环经济理论模型发散式研究与表述阶段（1993 — 2010）和 2011 年以来循环经济发展出现新动向即第三阶段。

（一）德国循环经济的发展模式

德国是世界上公认的发展循环经济起步最早、水平最高的国家之一，也是循环经济的倡导者和先行者。德国在循环经济的理论研究与实践经验等方面都独树一帜，已经形成比较完善的循环经济制度框架，包括有效的社会市场经济政策和完整的循环经济法律法规体系。除正式制度外，德国从民众、企业到政府部门都形成了良好的环保意识，能够主动承担环保责任，成为推动循环经济发展的积极力量。

1. 德国循环经济的战略目标

日益严重的环境污染、生态破坏和经济发展中遇到的资源大量消耗，甚至某些不可再生资源枯竭等严重问题，对德国经济的发展构成了严重威胁，促使德国转向协调经济发展与环境保护的可持续发展之路，而发展循环经济是实现可持续发展的有效路径，因此德国提出了发展循环经济的战略。德国循环经济发展的总体战略是以社会生态市场经济为框架，以此改变以往经济发展模式，发展循环经济，实施可持续的生产模式及消费模式，同时促进工业发展和社会发展的创新。

德国循环经济战略的关键是改变资源高消耗的传统经济增长模式，即改变靠资源消耗发展经济的路径依赖。为配合德国 21 世纪经济发展的战略构想，德国政府提出了如下的循环经济发展总体战略方针：首先，要转变经济发展模式，使经济发展从资源消耗型向资源节约效益型转变。德国是个只有 35.7 万平方公里国土面积，却有着 8244 万人口的国家。受这一国情及自然条件的制约，德国的经济发展必然选择保护生态，由量的增长转向质的增长，实施节能减耗，提高经济效益，因此德国政府号召必须节约资源，废弃物不可填埋，必须回收再循环利用。德国正是以废弃物资源的回收再生利用为切入点，大力发展循环经济的。与此同时，相应的法律制度和实施条例也陆续出台。德国政府从投资、消费、成本、需求及国民收入等方面入手，积极推进教育、科技体制的改革，从各方面保证经济增长模式的转变。这些战略和措施为保证德国经济从靠资源消耗转变为降低消耗、提高经济效益的增长模式奠定了战略基础。

其次，进一步提出了经济发展从污染型增长向生态保护型增长转变的发展战略。这一战略制定后，德国时任环保部长默克尔还为战略的实施提出了具体目标设想：要对德国社会市场经济制度进行改革，建设"生态社会市场经济"，即在未来的经济发展中要以保护生态、维系生态的平衡为导向，把发展生态经济和实现生态现代化作为德国的新工业政策和科技政策的重点，以便使增长和环保相一致。同时，德国在实施环保政策和发展循环经济战略时强调市场的导向作用，主张用经济手段推动循环经济的发展。德国政府认为确立"生态社会市场经济"是关系未来经济发展战略的关键性经济政策。

再次，德国还制定了综合发展战略和具体指标体系。2001年12月，德国政府正式公布了德国21世纪可持续发展战略。这项名为《德国未来》的可持续发展方案中制定了代际公平、社会团结、生活质量和国际责任四个总目标，包括有效利用资源、保护及改善环境、巩固国家财政、改革医疗保健、提高教育质量、推动技术进步、避免土地浪费和加强国际责任八类具体内容，以及《京都议定书》中规定的大气保护和温室气体排放量、可再生能源在能源消耗中的比例、土地使用、生态农业耕种比例、空气质量等21项具体量化指标。同时，德国还确定了可持续发展战略的重要领域。该方案于2002年4月正式审议通过。

除了总体战略方针之外，德国还制定了比较全面的发展循环经济的具体战略目标，主要包括以下几点：第一，在环保方面，加强对大气层的保护，实现让天空再次变蓝的目标。德国的循环经济首先从处理垃圾及排污气体入手，利用法律制度和环保技术加强对大气层的保护。德国很早就制定了有关的法律法规，逐渐减少二氧化碳的排放量，较早地开始了如今人们所说的低碳绿色经济。第二，在资源、生态方面，遵循资源节约、再利用、再循环的"3R"原则，并以再生资源替代不可再生资源，实现有效利用资源及优化能源结构的目标。1998年10月联邦政府换届后，提出了具体的环保政策和目标，包括：2010年再生能源同其他自然能源（如煤、天然气和石油）的消耗比例上升至4%；至2030年，再生能源占自然能源总消耗量的比例上升至25%；至2050年上升至50%。

然后，提出有效的废弃物管理政策，实现物质闭合循环的目标。废物减量化是德国实施闭合物质循环战略的重要因素，其战略层次的构成包括：预防或避免废物的产生，再利用与再循环具有相同优先级，当地再循环较之异地再循环具有更高的优先级，能量的回收与物质的回收同样重要，回收利用较之填埋更为优先，等等。德国在废弃物管理上的具体实施及战略要求也是严密而科学的。为了避免废弃物产生在产品的生产和使用及消费后处理等三个环节，制定减排政策措施，尽量避免垃圾的产生。对不能避免的废弃物尽量在生产中重复循环使用，或从废弃物中提取可用材料。不能再利用的垃圾回收后由政府承担处理责任，并采取商业运作方式进行严格处理。为了有效处理废弃物，改善再生材料质量，人们越来越多地采用手工分离的方式对已经分类的垃圾进行再分类，对可利用的废弃物进行单独收集。另外，德国的双元回收系统通过对包装物的回收利用，促进了资源的再循环利用，减少了浪费。以上这些做法形成了独特的德国"绿色垃圾"物质闭合循环模式，在国际上得到推广。

最后，在循环经济发展的区域规划方面，确定了建立动植物区和生态环境混合体系的目标。具体内容包括，以1998年为基准，到2020年无人居住面积占总面积的15%~20%，将居住、交通使用面积由现在每天100公顷的递增量减至每天30公顷。此外，在城市布局上避免大城市过于集中，做到大、中、小规模适度，协调发展，形成均衡的城镇网，把城镇基础设施建设作为提高居民生活和工作质量和水平的标准和措施。同时，特别注意区域规划和居住环境的发展。区域规划的目标是在重视自然环境和区域协调发展的基础上，改善经济、社会、文化条件，为人们的生活和发展提供优良的空间和自然条件，并逐步缩小地区间的不平衡。

2. 德国循环经济的战略措施

德国的循环经济战略措施分为以下三个方面：首先，对发展循环经济进行全面系统立法；其次，积极推进科学研究和技术进步，构建循环经济发展的技术支撑体系；最后，加强全民教育宣传，提升民众对环保、资源节约、生态维系等方面的认识，转变消费理念，使之积极参与到循环经济中来。

1）法律战略措施

为保障循环经济战略目标的实现，德国加强循环经济立法，其循环经济立法体系共分为三个层次：一是循环经济法律法规，主要包括循环经济基本法律；二是各种条例，主要是联邦、州及地方制定的具体条例，如有机物处理条例、电子废物和电力设备处理条例、废旧汽车处理条例、废电池处理条例、废木材处理条例等；三是指南，即关于某些法律条文在实施过程中的具体操作规定，如废物管理技术指南、城市固体废弃物管理技术指南等。德国采取的是先试点后推广的做法，即首先在个别领域逐步建立一些相关法规，其次制定整体性循环经济法律法规，所以有关法律法规经过实践、修订，现已形成条款较严密、结构较完善的循环经济法律体系。这些法律法规涉及社会的各行各业及生产领域、消费领域，并从具体领域延伸到整个社会。可见，详尽、全面、系统的法律法规使循环经济发展有了强有力的保障。德国的循环经济立法走在了世界前列，其立法模式及实践对世界各国的循环经济发展产生了巨大影响。

2）技术战略措施

经历了以往片面强调经济增长导致生态破坏、环境污染等问题的惨痛教训后，德国率先发展循环经济，并积累了丰富的经验，逐渐形成了以"低耗生产、适度消费、资源循环利用，以及稳定、高效、持续的技术创新"为特征的可持续发展路径，进而实现了从消费型社会向生态型社会的转型。这代表着一个全新的技术进步和效率至上的世界发展趋势。德国政府重视循环经济的发展，把环保业看作新科技及工业政策的重要部分，要求环保业具有高技术含量、高附加值。加之德国雄厚的经济实力，政府在循环经济发展中投入大量的资金进行技术研发，研制和开发有益于生态的新技术、新生产工艺和新生态工业产品，使循环经济的"3R"原则较好地得到贯彻实施，也使德国在循环经济发展的技术领域保持世界的领先地位。

德国的技术战略体现在很多领域，其中以在清洁生产和废物循环利用领域表现得最为突出。在清洁生产方面，德国颁布的《可再生能源法》，促进了清洁技术的推广，实现了清洁生产的全过程控制。在废弃物循环利用方面，德国在《循环经济和废弃物管理法》中强调，废弃物必须以不损害环境和人类健康的 13 类方式和程序进行处理，并在此基础上制定了技术与工艺标准及技术性指导。按规定，废物处理技术设计应考虑以下因素：低废技术，有毒物质最小化，投资与效益的关系，促进再生和再用，技术先进，实际操作可行等。鉴于此，企业在废旧物资的回收、再生和循环利用中不断研发、运用新技术，避免了环境污染和生态破坏的风险。目前，德国对废弃物总量的65% 实行了再利用，每年可以得到 120 万吨二次燃料。德国政府还制订计划，最迟于2020 年完全取缔垃圾填埋方式，做到所有的垃圾都经过物质和能量方面的处理和重复利用。

十几年来，德国研发的废弃物分类和回收技术具有世界先进水平。德国的再生能源利用技术、无害化处理技术、生物技术、废旧电器回收综合利用技术、资源循环利用技术、零排放技术的研发及应用都保持世界领先地位。从目前世界范围来看，德国环保技术大约占世界环保技术设备市场的21%，高于美国 16% 和日本 13%。这是德国循环经济走在世界前列的技术保障。

3）教育战略措施

德国循环经济发展战略的实现，还得益于规范且得到强化的教育，使民众转变传统生产和消费理念，形成发展循环经济的社会氛围。由于德国的经济发展水平高，其教育发展程度也比较高，民众普遍受到良好的教育，整体国民素质较高。通过强化教育，循环经济理念很快渗透到民众及社会各角落，政府、企业、社会团体、民众积极自觉地参与到循环经济的发展中来。正是基于良好的循环经济相关教育，德国民间自觉地组织了各类非正式组织，呼吁环保，监督非环保行为，有力地推动了循环经济的发展。

3. 德国循环经济的发展模式

德国在发展循环经济方面所形成的理念，以及独具特色的发展模式，尤其是"双元回收系统"（DSD），已经得到广泛认同，并不断推广。德国注重在微观、中观、宏观三个层面推进循环经济发展，"微观模式"是指在企业层面推行清洁生产，减少产品中材料和能源的消耗，实现废弃物产生量最小化，同时以此带动企业的绿色生产经营和消费者的绿色消费模式。"中观模式"是指在工业区及区域层面发展生态工业，建设生态工业园区，将上游生产过程产生的副产品或废弃物用作下游生产过程的原材料，形成企业之间的工业代谢循环和共生关系，此外，对老工业区进行生态改造，实现其可持续发展。"宏观模式"是指在社会层面推进绿色消费，建立废弃物的分类回收系统，注重产业间的物质循环和各种资源能量的梯级利用，最终建立循环型社会。

1）企业内部循环生产模式及其"绿色影响"——微观模式

企业层面循环经济模式主要是清洁生产，具体表现为两种形式：

一种是通过组织企业内部各工艺之间的物料循环，延长生产链条，进而减少原料和能源的使用量，最大限度地减少废弃物的排放，达到降低成本、提高利润率及提升企业社会形象的目的。另一种是通过开发和利用先进生产技术，或发掘利用可再生资源，进而实现减少污染，绿色生产，并以此扩大在同行业的竞争优势。在德国，企业循环经济模式的典型范例是鲁德斯多夫水泥股份有限公司。该公司结合使用了上述两种清洁生产模式，在其企业内部，各部门通过密切合作，建立了一体化的绿色生产体系。鲁德斯多夫公司以巨大的碾磨车间为核心，将其他生产车间都聚集在其周围，以便进行物料交换与循环。不仅如此，该公司在1999年还建立了一个独立的环境管理系统，结合自身的产业结构特点，有力地促进了各部门之间的合作。另外，该公司采用了先进的技术手段控制污染气体排放，并且在噪声污染控制、水利资源利用等方面采用了同行业领先的技术来实现减少排污的目标。同时该公司还注重可再生材料的使用，包括二次原料和二次燃料的利用。

除了清洁生产外，在德国，很多企业都自觉地选择"绿色发展"之路，在生产经营过程中奉行"绿色理念"，采取"绿色行为"，主动地进行节能减排，保护环境，以实际行动履行"可持续发展"义务，对社会发挥"绿色影响"。例如，德意志银行于2007年对其位于法兰克福的双子大厦总部进行全面改造，总投入约1.5亿欧元，除了为改善工作环境外，还要降低经营活动中的能量消耗并减少碳排放量，力争将整个大厦的能源和用水消耗降低一半。德国知名企业西门子也通过发起诸如"抵制白色污染"等活动向民众和社区施加自己的绿色影响；世界知名豪华轿车生产商戴姆勒·克莱斯勒也提出了"绿色豪华"的概念，构建绿色生产模式并引导消费者的绿色消费理念。这样的范例在德国不胜枚举。

2）共生企业园区循环模式及老工业区的生态改造——中观模式

单个企业或厂内循环具有一定的局限性，于是要扩大到企业外部，联合其他企业去组织物料循环。共生企业园区也被称作生态工业园区，是指在更大的范围内把不同的工厂、企业连接起来形成资源共享和互换副产品、原料等物质循环的产业共生链条，使一个企业的废热、废气、废物、废水能够成为其他企业的原料和能源。德国共生企业园区是一种封闭的经济循环体系，其组织形式主要是以中心管理组织为核心，由若干个相关生产企业或其他组织所组成，形成资源的循环利用，进而降低成本，实现环境保护。在德国比较典型的企业园区有莱茵河—内卡河地区、云德"生物能源镇"和威勒巴赫"零排放镇"。在莱茵河—内卡河地区成立的工作环境管理组织，其成员包括企业、市政管理者、协会与环境研究机构等。该中心组织通过数据库平台提供网络信息服务，如待处理物质定量定性分析数据这样的信息数据共享服务，同时围绕信息、物质交换需求，运用专门的措施在环境管理领域向成员提供支持。

此外，德国是工业化发展最早的国家之一，许多以重化工业为主的老工业区经过了早期的快速发展后，面临的生态环境破坏问题越来越严重，加之产业结构不合理，遭遇了前所未有的发展瓶颈。在这种情况下，德国政府采取措施在进行产业转型的同时，大力投资修复生态环境，实现传统工业区的可持续发展。其中以鲁尔工业区为典型代表。除了通过区内企业联盟来延长生产及销售链条外，还建立了能源资源循环利用系统，既有利于节能减排，也促进了区内资源的有效利用。其中以煤化工业联营最为典型，煤矿企业的炼焦副产品则可以作为化工企业的产品原料。除此之外，当地政府大力发展环境管理和建设，在区域总体规划中制订了营造"绿色空间"的计划，力图重塑田园都市风光。可以说，20世纪60年代提出的"鲁尔河上空蔚蓝色的天空"的构想已经成为现实，目前鲁尔区所在的北莱茵—威斯特州拥有1600多家环保企业，已成为欧洲领先的环保技术中心。

3）生产与消费之间的社会循环模式——宏观模式

从社会整体循环的角度看，只有大力发展旧物调剂和资源回收产业，才能在整个社会范围内形成"自然资源—生产—消费—二次资源"的循环经济路径。作为世界上发展循环经济最早、水平最高的国家之一，德国的"双元回收系统"模式就是这种循环路径的典型代表。

早在1990年9月，德国95家生产企业、商业企业及垃圾回收部门就联合建立了"双元回收系统"，即DSD（dales System Deutschland），专门对包装废弃物进行回收利用。该系统接受相关企业的委托，组织回收者对包装废弃物进行分类，之后分送到相应的资源再利用厂家进行循环再利用，其中能直接回用的包装废弃物则送返给制造商，使一次性包装物得到反复利用。目前约有116万多家企业加入了DSD，占包装企业的90%。该系统也被称作"绿点系统"，因为其具体做法是在对包装物进行分类的过程中，在需要回收的包装物上打上绿点标记，表示它可回收，并要求消费者把它放入盛装包装物的分类垃圾箱里，之后由回收企业进行处理。"绿点"标记为一个首尾相连的绿色箭头构成的圆圈，远看形似一个绿点，意为循环利用。任何商品的包装，只要印有它，就表明该生产企业参与了"商品再循环计划"，并为处理自己产品的废弃包装物交了费。经营"绿点"系统的公司为非营利性公司，厂商们所付的费用是用来建立一套回收、分类和再利用系统的。

"绿点"计划的基本原则是：谁生产垃圾，谁就要为此付出代价。企业缴纳的"绿点"费，由 DSD 用来收集包装垃圾，然后进行清理、分拣和循环再利用。"绿点系统"作为民间企业发起和创建的废物回收系统，受到德国政府免税政策支持。它既是民间参与循环经济的样板，也是公私合作伙伴关系成功的典范。该系统的建立大大促进了德国包装废弃物的回收利用，不仅带来了资源的高效利用，也产生了积极的生态效应，更为社会提供了众多的就业机会。该系统体现了"谁生产包装，谁负责回收"的生产者责任延伸制度。可以说，德国的循环经济是采用"企业—社会""生产—消费"之间的循环，以"绿点系统"为载体或实施措施，以对物质流的严格管理为核心来实现的，重在探索区域性循环经济的模式。

4. 德国循环经济的特点

由于各国的国情不同，循环经济发展过程、阶段、战略各异，使各国循环经济的发展呈现出不同的特点。由于德国循环经济起源于垃圾处理，其主要特点如下：

第一，德国的循环经济始于"垃圾经济"，因此其废弃物管理的规范化、法制化是其循环经济发展的典型特点。首先，在法制角度上，德国是世界上公认的发展循环经济立法最完善的国家之一。横向看，德国既拥有本国循环经济法律，还受欧盟相关法律的制约；纵向看，联邦、州及地方各级政府的法律法规体系都对环境问题进行了不同层级的约束。而且，德国循环经济的立法最初就是从废弃物处置入手的。

其次，德国的废弃物管理十分规范，这是建立在废弃物分类的基础之上的。根据德国《循环经济与废弃物处置法》，废弃物划分为利用型废弃物和清除型废弃物，并据此进行分类处理。《循环经济与废弃物处置法》明确规定了废弃物处理从收集到运输再到填埋或者焚烧的全过程及其标准化程序，如果废弃物总量的 50% 以上能转变为再生材料，就以再利用为目标来处置；并对再利用的判定标准也做了具体规定。这样一来，就实现了对无法再利用的废弃物处理的标准化。

第二，德国的循环经济开始向物质流管理阶段转型。事实上，循环经济本质就是改变线性的物质流模式。物质流管理是指通过引进清洁技术，构建技术支撑和物质流动网络，优化生产和消费过程中的物质流动方式，进而降低交易成本，提高物质使用效率。一直以来，德国大力倡导物质流管理，使物质循环利用和管理走上制度化、效益化。

2004 年确立整体性物质流管理战略，并运用物质流管理创造了较好的经济效益。物质流管理在国家、区域和企业内部各个层面都得到了实施，不仅激发了企业的创造力，也创造了商机，提高了附加值，提升了国内外竞争力。

第三，重视循环经济技术开发及市场化。德国政府非常重视循环经济技术的研发，在有效的政策体系激励下，已经形成了清洁生产及废物利用的配套技术体系，为实现资源减量化、再利用、再循环的"3R"原则提供了技术支撑。此外，环保技术和设备的研发正在带动潜力巨大的新兴产业市场，即环保技术及其相关产业的形成。目前，德国的环保技术及相关的生产服务业不断地发展和壮大，已成为创造工作岗位的发动机。据德国《商报》2007年5月30日报道，环境技术行业在德国日益重要，到2020年左右，它将超越汽车和机械制造业成为主导产业。罗兰·贝格国际管理咨询公司（该公司为全球最大的源于欧洲的战略管理咨询公司）的一项研究表明，2005年德国环保技术行业销售额在工业总销售额中占4%左右，到2030年这一比例将上升到16%。

第四，相关组织机构健全高效，并且政府具有较强的执行力。德国有专门从事循环经济管理及实施的统筹部门——环保部，以及其他各种协调组织机构，同时还有大量的中介组织来积极推行环境保护及资源循环利用。政府通过这些正式及非正式的组织部门不断将循环经济的宏观调控与微观调控相结合，使其快速健康发展。

（二）日本循环经济的发展模式

日本作为最早探索循环经济发展模式的国家之一，其科学的循环经济制度安排、适宜得力的发展战略和举措取得了良好效果，使日本成为目前世界上资源利用效率最高、循环经济发展成效最显著的国家之一。日本通过多年的探索已经形成了独具特色的"循环型经济与社会"发展模式，其特点是有效的政府主导、严密完善的法律政策体系和经济措施，以及企业与民众（家庭）的广泛经济参与。

1. 日本循环经济的战略目标

1994年12月，日本内阁制订环境基本计划，首次提出"实现以循环为基调的经济社会体制"，构建"循环型社会"的战略初见端倪。

1997年7月，日本通商产业省（现为经济产业省）产业结构协会提出了一份题为《循环经济构想》的报告，该报告在全面分析了日本所面临的严峻的资源匮乏与严重的环境污染问题的基础上，提出了建设循环经济的构想。1998年日本政府制订《新千年计划》，把建立"循环经济社会结构"作为面向21世纪的重要研究课题，把发展循环经济作为构建21世纪日本循环型社会目标的途径，同时将2000年确立为循环型社会元年。2000年5月，日本召开"环保国会"，参众两院表决通过修订了的《推进循环型社会形成基本法》《资源有效利用促进法》等多项法规，提出了建立"环之国"的思想，即创建循环型社会的国家目标。日本内阁还在2003年3月的会议上通过了《推进循环型社会形成基本计划》，把建设循环型的可持续发展社会提升为日本经济社会的总体发展目标，并以国家基本法的形式确定下来。至此，日本把构建循环型社会放到了国家战略的突出位置。该法还规定从生产、生活乃至社会整体运行机制等方面同时积极推进经济增长模式的转变，发展循环经济。

那么，究竟什么是"循环型社会"？循环型社会是指通过抑制废弃物的产生、合理处置废弃物等措施实现资源的循环利用，同时控制自然资源的消费，构建最大限度减少环境负荷的社会，以抛弃 20 世纪的"大量生产、大量消费、大量废弃"的经济发展模式，谋求经济社会的可持续发展。简而言之，循环型社会是以"3R"原则为特征的生产方式、消费方式和生活方式的和谐统一。日本循环型社会的战略构建是一项复杂而系统的工程，在制定循环型社会战略的同时需要构筑与之相应的市场环境、民众环境、政府推进机制和社会整体环境。而构建循环型社会的有效途径即为发展循环经济。

日本发展循环经济的总体战略为：以政府为主导、以严密完善的法律政策体系为保障，以先进的科学技术为支撑，通过企业与民众（家庭）的广泛参与，以"环境立国"的形式建立循环型社会，实现可持续发展。日本循环经济战略的制定从本国国情出发，立足于经济的可持续发展，确保其在世界经济发展中的竞争实力，并巩固其经济大国的地位。

日本循环经济战略的核心是以抑制生产和生活消费过程中的废弃物产生为基本点，通过废弃物的处理来减少自然资源的消耗和对环境的压力；以促进资源的合理循环再利用为手段，通过建立双向循环体制（资源—产品—废弃物，垃圾回收—资源化再利用—产品，后者也称作静脉产业或第四产业）来保证社会物质循环系统可持续的良性运转，以此建立循环型社会。

日本循环经济的战略目标主要体现在《第三次环境基本规划》中，大致可归纳为从环保理念出发，以新技术为支撑，以法律和行政手段为保障，减少污染，保全环境，实现可持续发展；鼓励政府、企业、民众都积极参与环保，成为环保主体，形成可持续发展的经济环境及社会环境；加强国际合作，构建国际环境保护合作规则。日本循环经济的主要战略目标如下：

一是通过发展循环经济实现环境保全模式的转变。如前所述，20 世纪发生的八大污染公害事件有一半发生在日本。严峻的事实迫使日本建立以可持续发展为基本理念的、清洁的、高质量的循环型社会。日本在推进环境保全过程中，要转变废弃物末端治理方式，即"管尾治理"这一被动方式，推进从生产和消费源头控制废物产生的办法，即"管端预防"这一主动方式。配之以废物回收再利用和减量化的方法，形成一整套系统的机制，避免废物的产生。

二是通过发展循环经济促进经济发展模式的转变。"二战"后，日本经济高速发展，创造了东亚奇迹，成为"雁行模式"的领头雁。

但是高消耗、高排放、高污染的线性经济发展模式带来了严重的环境、生态、资源等问题，几乎使经济发展走到了尽头。不转变这种发展模式，日本经济发展将难以为继。20 世纪初，日本认识到旧经济增长模式的弊端，提出了"环境立国"和建设"循环型社会"的发展战略和转变经济增长模式的目标。这一目标具体表现为通过资源的综合利用、深度开发，集约和节约利用资源，以尽可能小的资源消耗和生态环境成本，获取尽可能大的经济效益和环境效益，提高经济增长质量和效益，走"最优生产、最优消费、最少废弃"的发展之路，实现经济模式由线性经济向生态型循环经济的转变。

三是通过发展循环经济建立一种新型生态化产业模式。产业发展的集群化、融合化和生态化是21世纪世界产业发展的新趋势。日本提出发展循环经济的战略目标之一，就是要建立生态化的产业模式。

依据自然生态的有机循环原理建立产业模式，通过上下游产品、资源、排放物的循环利用，在不同企业、不同类别产业之间形成类似于自然生态链的关系，从而实现资源充分利用，减少废物产生，实现物质循环再利用，消除环境污染和生态破坏，进而提高经济发展质量，扩大生产规模，增强企业和社会经济效益，最终实现经济的良性循环。

四是通过发展循环经济寻求新的增长点和增长方式，保持国际竞争力。污染治理的深入发展也为日本的很多传统产业创造了新的经济增长点。例如，20世纪70年代末，日本规定了严格的汽车尾气排放标准，推动了日本汽车产业技术研发。企业也大力投资，在提高燃油效率、降低尾气超标排放方面取得了很大的突破，使日本汽车在20世纪80年代以其经济型、环保型的优势，率先抢占了欧美汽车市场。在这方面，日本走在了其他汽车生产国的前面。当前，资源利用质量和效率之争、能源技术之争已经成为国际商品市场竞争的主旋律，更是考量产品国际竞争力的重要指标。因此，通过发展循环经济，推动相关技术进步，使产品的经济效益找到新的增长拐点，成为日本这个出口导向型国家的重要战略目标。

五是发展循环经济，构建生态城镇，实现社会经济的可持续发展。20世纪80年代末90年代初，日本在循环经济构想中提出了建设"ECO-TOWN"（生态城镇）的目标。所谓建设"生态城镇"的目标，就是从源头上堵住废弃物的排放，通过新技术的实施推进废弃物利用，依靠环境产业振兴区域经济，建设环保、生态协调的地方经济和先进的环境城市，创建资源循环型社会。其主要内容：第一，通过市场机制的调节作用，使资源和能源的进出口差额最小化、利用效率最大化，实现环境与经济、社会的和谐发展；第二，建立一个生产者和消费者、国家和地方公共团体、政府和公众全方位通力合作的经济运行系统，实现全社会环保、绿色、节约、和谐发展；第三，促进生产厂商和各市场主体改进生产技术，通过研发建立一个节省资源、减少污染、减轻环境负荷的新的技术系统，以全新的方式进行生产；第四，大力发展环保产业，更好地实现废弃物的回收、处置、再利用。通过"生态城镇"的建设和推广，最终实现全社会的可持续发展。

2.日本循环经济的战略体系

日本实行的是政府（官厅）主导型的市场经济，加之特殊的国情、文化理念、民族习俗及政治制度等因素，形成了独具特色的战略体系框架及层次结构。日本循环经济战略体系由政府、企业与个人三大主体以及战略规划、法律框架、产业政策、技术创新体系、企业社会责任与公民环保意识六大要素构成。

首先，日本循环经济战略体系由政府主导和驱动。政府处于该体系的核心地位，对战略规划的制定、法律框架的确立、产业政策的出台、技术创新体系的构建等都起着关键性和支配性作用。从日本发展循环经济的历程中不难看出，日本的循环经济从理念的提出、推进到实施都是由政府及相关部门主导的，是自上而下的制度形成和演变过程。同时，政府自身职责的履行对企业社会责任的承担及公民环保意识的形成都起着示范、引导和监督作用。

其次，企业是战略的实施主体。企业是资源的主要消耗者和废弃物的最大排放者，因此处于实际操作的层面。所有的循环经济发展战略、目标、措施等都要由企业去实施，所以企业在日本循环经济战略体系中占据着重要的位置，对循环经济战略的有效实施起着决定性作用。为了更好地实施和发展循环经济，企业也要制订具体的循环经济实施计划和措施。

最后，民众的自觉参与形成了循环经济发展的社会氛围。日本民众是循环经济发展战略体系中不可忽视的广泛社会力量。许多循环经济的法律法规要依靠民众去实施、执行。例如：日本民众自觉地对垃圾进行分类、回收、循环再利用；在交通、出行方面，民众尽量选择乘坐公交车和地铁，以达到减排、环保的目的；在生态保护方面，民众积极参与相关的公共事业等。长期的宣传和政策引导使民众形成了良好的环保意识和自觉行动，对推进循环经济的发展起到了极为重要的作用。

另外，技术创新体系处于政府、企业和个人的中心地位，这也说明日本技术创新体系无论是在宏观、中观、微观层面，都有明确的创新载体。

3. 日本循环经济的发展模式

日本在从过去"大量生产、大量消费、大量废弃"的传统经济社会向"节能、减耗、降低环境负荷、实现经济社会可持续发展"的循环型经济社会转变的过程中，把环境保护技术和产业经济发展放在了重要位置，并从"技术立国"转向"环境立国"。日本企业通过内部实施"逆向制造"生产模式建立了独具特色的企业内部循环模式；日本政府注重生态工业园区尤其是静脉产业园区的建设，从中观层面推进循环经济发展。日本构建循环型社会这一宏观循环模式正是以其微观和中观循环模式为支撑的。

1）"逆向制造"模式及构建生态型企业——微观模式

循环型企业通过实施企业内部资源的循环利用和节能减排来实现循环经济的最基本层次。日本发展循环型企业，就是运用循环经济理论和生态学理论指导企业运行，将循环经济的"3R"原则应用于企业，协调企业与环境之间的关系，依靠现代生产技术和环保技术的开发应用，对企业的产品、副产品、废弃物进行综合处理，使企业实现清洁生产和资源综合利用。

首先，为了发展循环型企业，日本许多资源消耗大并带来大量污染的企业开始采用"逆向制造"（Inverse Manufacturing）生产模式。"逆向制造"是提倡设计跨产品平台的通用零部件，并且将通用零部件设计得尽可能高质量和耐用，使这些部件可以在整机报废后，不经过循环再造直接回流到新产品的装配线。这就要求产品经过拆卸、分类、翻新和处理后达到一定的质量要求，其特点是保留部件（或零件），以便再装配和重新销售。"逆向制造"是一种强调资源、副产废弃物再利用而不是再生的制造方法，是构建循环型企业、发展循环经济的重要技术途径。富士施乐公司在这方面取得了很大成功，是实施"逆向制造"、建立循环型企业模式的典型代表。

日本独特的"逆向制造"模式，能够促使企业采用源头减量化的措施大搞设计革新，实施"整合再生系统"，因此是环境保护计划中的关键环节之一。"逆向制造"系统是一个封闭循环的系统，它要求从上游到下游的产品生命周期中，通过在封闭循环中使用再利用零部件，制造出对环境影响小的产品；同时尽量使那些无法再利用的零部件转变为可再利用的资源。"逆向制造"是实施可持续发展战略的必然选择，这一循环模式使资源、环保问题得到了广泛的重视，并且提高了经济效益，逐渐在更多领域得到应用。

其次，构建生态型企业已成为日本企业发展的新趋势。生态型企业是指企业将创造利润与保护生态环境及人类健康有机结合起来，实现企业生产经营的可持续发展和人类可持续发展的统一。很多日本企业以此作为经营目标，通过制定企业环境经营方针，加强环境经营管理，向生态企业转变，同时也能够帮助树立企业形象，提高企业的竞争力。日本企业主要通过确立环境经营战略来实行生产全过程的环境管理，包括绿色产品设计、清洁采购、清洁制造等，以及采取环境审计和环境信息披露制度等方式实现企业生产经营及管理的绿色化和生态化。例如，知名日本企业松下电器集团和丰田汽车公司都确定了"环境基本方针"。松下电器集团早在1991就开始实施其《环境管理基本方针》，丰田汽车公司也于1992制定了《丰田地球环境宪章》，具体包括"基本方针""行动方针"和"配套体制"等组成部分，明确了其建设生态型企业的目标和实施办法。

另外，日本很多企业在实施循环经济过程中，也逐步建立绿色生态产业体系，即从原料采购、产品设计、产品制造、市场销售各环节，按照节能减耗的标准来降低对环境的负面影响，进而建立绿色产业支撑链，并将这一原则推广到其他社会活动中。钢铁企业就是建立这种生态产业体系的典型范例，其通过绿色产品设计、再生资源利用和废弃物有效管理等绿色生产及营销管理模式，形成了"资源—产品—再生资源"的循环产业体系。

除此之外，日本的《推进循环型社会形成基本法》《资源有效利用促进法》《废弃物处理法》等法律对生产者责任延伸制度进行了明确的规定，使企业环保的重点从限制生产阶段的行为控制转到以降低产品整个生命周期的环境影响为中心上来，改变了传统的"先污染后治理"的模式，强调从"末端治理"向"源头控制"转变。因此说，日本循环经济相关法律也促进了循环型企业的成功建立。

2）以静脉产业为主导的生态工业园区——中观模式

生态工业园是根据生态学原理和循环经济理论设计的新型工业发展模式。该模式通过模拟自然生态系统，设计工业园区内部的能源和物质流程，采用园区内各企业间废物交换、清洁生产等手段，把一个企业经济运行中产生的废物或副产品作为另一个企业的原材料投入，实现物质闭路循环和能量多极化充分利用，形成类似自然生态系统食物链形态的相互联系、相互依存的工业生态系统，达到物质、资源及能量的利用最大化和废物排放量的最小化。

面对环境、资源、生态问题日益严峻的情况，日本从 1997 年开始规划和建设生态工业园区，并把它作为建设循环型社会的重要措施之一，已先后批准建立了 26 个生态工业园区。其中，2001 年 6 月设立的北九州市生态工业园区是其中做得较好的一个典型范例。该园区充分利用城市多年发展积累起来的人才、技术及工业基础设施等优越条件，以及政府、研究机构、企业、市民建立的网络环境条件，将"环境保护"和"产业振兴"两大政策有机融合在一起，实施独具特色的地区经济发展政策。北九州生态工业园有四个基本功能区：北九州市生态工业园区中心是开展环境教育的基地，如举办环保技术相关研修，推广环保技术，举办以市民为主的环保知识讲座；环保研发中心是政府、大学、企业联合进行最尖端的再生使用技术、废物处理技术的研发基地；环保企业聚集区则通过各企业间的相互合作，把环保相关企业发展成为废物"零排放"的资源、副产品循环基地；响滩再生使用区是市政府租借给企业用以支持中小企业发展环保项目、创立先进工艺和先进技术、开展各种再生加工活动的区域。其中，环保企业聚集区是核心区域，该区域建立了复合设施项目，对生态工业园内企业排放的废弃物进行科学处置，并将熔解物质再资源化、再利用生产中产生的余热进行发电等。此外，日本在大力发展产业园区的过程中，强调以静脉产业为主导，包括食品再生利用产业、容器包装的再生利用产业、建筑材料的再生利用产业、废旧家电再生利用产业、汽车再生利用产业，以及其他有关废弃物的回收、运输和再生技术等产业。

3）构建循环型社会——宏观模式

循环型社会的内涵是指通过抑制废弃物的产生、合理处置和利用废弃物、循环利用资源等措施，实现自然资源消费的减量化，建立最大限度减少环境负荷的社会。从20 世纪 90 年代开始实施可持续发展战略以来，日本又把发展循环经济、建立循环型社会作为实施可持续发展战略的重要途径与方式。

日本建设循环型社会的目标，就是通过以上这些微观、中观层面的循环经济发展模式或途径来实现的。虽然循环型社会尚未完全建成，但是，这些模式或途径的实施正有力地推动日本循环经济的发展，为逐步实现循环型社会打下基础。日本经济产业省与环境省于 1997 年设立了"生态城市制度",旨在建立和发展符合环保要求、经济和自然和谐发展的循环型城市。目前,日本生态城市建设数量不断增加,以东京、川崎、九州、千叶、大阪最为突出。

川崎就是建设循环型社会的典范。川崎曾是日本重化工业中心,经历了从严重污染逐步走向绿色环保的过程后,目前环境状况大为改善,已经成为日本首屈一指的高新技术城市和环保城市。川崎正是采取了建设循环型社会的先进理念和具体做法,在经济发展过程中,以"产业再生、环境再生、都市再生"三个基本理念为指导,政府、企业、社会三位一体、形成合力,大力发展高新科技和环保产业,推进循环经济,成为日本循环型社会宏观目标模式的缩影。

4. 日本循环经济的特点

日本发展循环经济、构建循环型社会的方式是以"社会—企业—家庭"为主体,以"静脉产业"为切入点。静脉产业是日本建设循环型社会的重点,包括垃圾的收集、搬运、燃烧、填埋处理,以及再资源化、新产品的再生技术等。同德国一样,日本的循环经济也从垃圾处理入手,以解决废弃物为起点,进而改变整个社会的传统经济模式。日本循环经济发展的特点体现在以下几个方面:

第一,以废弃物处置为核心,解决资源循环再利用的问题。废弃物循环利用成为日本建设循环型经济社会的核心是与日本的经济发展水平有着直接关系的。作为发达国家,日本人均国民收入居世界前列,国民收入的不断提高导致了日本"大量消费"模式的形成,从而导致大量废弃物的产生,生产和消费产生的废弃物已经成为日本面临的主要环境问题之一。将已产生的废弃物重新利用并再资源化既能解决废弃物处理难题,又能获得具有环保意义的经济效益。另外,日本原有的废弃物焚烧和填埋的处理方式既造成环境污染,又占用土地,同时严重浪费资源。因此改变过去不合理的废弃物处理方式,将废弃物再资源化,符合日本固体废弃物管理战略转变的需要,并成为日本发展循环经济的核心内容和优先选择。废弃物处置主要包括对一般废弃物(居民生活废弃物)的处置和对产业废弃物的处置。前者主要依靠政府法规引导居民自觉分类处置,后者由企业负责。

第二,大力发展"静脉"产业,以解决严重的环境问题并有效利用资源。日本政府认为经济的运行如同人体内的血液循环,由动脉与静脉两个部分组成。过去日本发展经济,只注重物质资料从生产、流通到消费的动脉系统循环,而对生产、流通和消费后所产生的废弃物和其他相关物品的收集、处置、再资源化、再利用等静脉系统并未给予重视。其结果是,在经济生活的动脉系统中产生的大量废物等直接排放到大自然这个最为简便的处置场所,导致了环境超负荷,造成了社会、环境、生态的恶化。这就是传统线性经济发展模式所造成的由于废弃物在质和量两个方面无限度扩张而增大环境负荷的难题。因此,日本政府逐渐认识到发展静脉产业的重要性。静脉产业能使生活和工业垃圾变废为宝、循环利用，所以得到了政府的大力支持。政府通过减免税收、增加投资等方式积极推动静脉产业和静脉产业园区的发展，旨在形成整个社会范围内自然资源和再生资源的循环。

日本发展静脉产业已经取得了显著效果。据日本环境省统计，2000 年，日本环境产业废弃物循环利用领域的市场规模约为 21 万亿日元，雇佣规模为 57 万人。2003 年的环境省调查显示，全日本静脉产业的从业人数为 136 万，产值为 48 万亿日元（约 3 万亿元人民币）。仅在包括废纸在内的再生材料方面，1997 年日本全国的市场规模是 37451 亿日元，到 2010 年扩大到 88506 亿日元。

第三，日本建设的循环型社会是一种以输入端控制为主的循环经济发展模式。这种模式将生产系统作为一个"输入—输出"系统，包含输入资源、输出产品和废物两个重要环节。日本比较重视在输入端进行控制，通过技术改造和设备更新，力图以较少的自然资源或再生替代资源投入，生产出使用生命周期更长或用途更多的产品。这不仅减少了资源消耗，而且减少了废物排出，缓解了环境污染。

第四，日本循环经济发展模式从其运行机制来看是一种"政府＋企业团体＋民众"三位一体的机制。这一运行机制首先要求政府与各个主体之间建立合作关系，制定发展循环经济和构建循环型社会的有效政策及措施。其次要求企业提供环保型的生产与服务，并对废弃物及使用后的产品进行再资源化处理，彻底改变原有的线性生产模式，建立"最佳生产、最佳消费、最少废弃"的新型生产模式。最后要求国民形成良好的环保意识和绿色生活理念。

第五，日本循环型社会的构建是以大力推动环境技术的研发与创新为技术保障的。循环经济属于技术密集型经济。发展循环经济，建设循环型社会，必须有相应的高新技术作为支撑，这需要高校、科学研究界的努力。日本研究部门多年来以零排放为目标，对产品生命周期评价技术、资源循环利用技术、废弃物减排技术、废弃物资源化的产业链条技术等环境技术进行不断的研究开发并取得了很大进展，目前已经拥有世界上最先进的节能降耗环保技术。应该说，日本的循环经济在技术支撑上是走在世界前列的，这得益于科研界的积极努力。

（三）美国循环经济的发展模式

纵观世界循环经济的发展历程，美国不仅是循环经济实施较早的国家，更是提出和推行循环经济概念较早的国家之一。如今，美国循环经济的发展已经取得一定成就，有许多经验值得借鉴。

1.美国循环经济的战略目标

美国的循环经济发展主要体现在环保和可持续发展上，可以说，美国的循环经济是在环保理论和可持续发展理论指导下的后工业化社会发展战略的转型，在其战略目标的实施过程中较好地体现了"3R"原则。

第一，加强废弃物管理，控制和减少污染，建立应急反应系统，减少风险。美国比较重视环境污染以及由此带来的风险，强调最大限度地减少废弃物的排放和环境污染。为避免由此带来的危害，建立了应急反应系统，对各种污染进行应急处理。

第二，对大气和水资源进行保护。美国采取各种措施减少温室气体排放，减缓气候变化带来的影响，确保民众免受空气污染对身体健康造成的伤害。保持水的清洁，一方面向人们提供安全的饮用水；另一方面保护水体的清洁与安全，如河流、湖泊、地下水、湿地和海洋，以保护鱼类、野生动物及植物的栖息和有关经济活动的安全进行。

第三，确保食品安全。食品安全问题已成为关乎国民身体健康乃至生命安全的大问题，引起了各国的关注。保障食品安全就是要保护人们特别是儿童免受农药残留、食物污染以及化肥等不安全因素带来的健康危害。美国以法律的形式强化食品安全，并把它提高到环保及发展循环经济的高度来对待，避免了因环境污染、农药残留等对人的伤害。

第四，加强国民对环境信息的了解能力和知情权。为使人们能及时了解环境状况的信息，较好地行使知情权，美国通过各种渠道建立信息交流平台，加强公共卫生部门、科技部门、商业界、公民及政府间的信息交流，更好地传播环境信息及环保知识，增强广大民众的环保意识，树立发展循环经济的理念，使其积极参与到环保和循环经济的发展中来。

第五，实施科技创新，强化科技在环保和循环经济及社会经济可持续发展中的作用。循环经济是可持续发展的重要措施和路径，循环经济又是一种新的发展模式，需要新的技术支撑体系。只有适宜的新技术才能解决经济发展中出现的资源短缺、环境污染、生态失衡等问题。为此，美国政府进行了政策创新，并鼓励科技创新，改变人们对环境、生态、资源等诸方面的传统认识，以政策创新推动科技创新，以科技创新改变环境和生态及污染问题，从而转变人们的观念，推动循环经济全面而持久的发展。

第六，加强制度创新和管理创新，确保环保法律法规及政策的有效实施。为确保环保和发展循环经济的法律条例得以贯彻实施，美国建立高标准的管理系统，加强对环保、减排、生态保护等方面的管理，控制污染，确保建立人与自然和谐发展的友好型社会发展目标的实现。例如，美国在循环经济的发展过程中，不断探索新的管理方式，采用贴环保标识、征收环境税、实施排污权交易等手段和措施来加强环保、生态等方面的管理。利用各种手段加强政府规制，确保循环经济的发展。在这一过程中，为确保国家环保、生态等目标的实现，在经费管理上对有关项目和活动进行评估后，严格执行《政府工作和效果法》《主要财务官员法》，实行科学合理的财政预算，加强财务管理，加强对循环经济发展中政府工作的责任管理，提高公众对政府的信任度。通过管理制度的改进，提高公众的满意度，达到更好地发展循环经济的目的。

第七，减少跨国界乃至全球的环境风险。为减少全球的环境风险，美国致力于通过各种途径唤起各国对环境问题的重视，尽管在很多方面美国还未付诸实际行动，但确实在控制温室效应、实施低碳经济、减少环境污染等方面进行了积极的努力，倡导减排、环保、低碳、保护生态。这与多年来美国学者积极研究和倡导环保、可持续发展、保护人类共同的生存环境有密切关系。美国作为世界大国总要做出姿态，出于其"榜样"的作用，也要从政策、舆论、宣传等方面积极主张，并不懈地进行多边努力，同时把环境外交作为外交活动的重要内容，呼吁全世界加强环保，并不失时机地采取一些措施，以减缓气候变化、温室效应、臭氧层破坏等对人类健康和生态系统造成的破坏。

2. 美国循环经济的发展模式

美国作为公认的科技、经济最发达的国家，在循环经济发展方面也走在了世界前列，且有独到之处。但如前所述，由于美国三权分立的政治制度，在循环经济发展中，联邦政府并未能对循环经济的发展模式进行探索和创新，而更多的是各州、地方政府、各企业根据自身的情况发展循环经济，不同于日本政府提出建设循环型社会这样明确的目标和发展模式。

谈到美国的循环经济发展模式，人们自然会想到"杜邦模式"。虽然这不失为一种循环经济的发展模式，但应该说它只是一种微观层面上的循环经济发展模式。我们可以将美国循环经济发展模式分解成以下三个层次：

1）以杜邦模式为代表的企业内部循环——微观模式

在循环经济发展的微观层面，杜邦模式是美国典型的企业内部循环经济模式。在该模式下，生产厂家通过组织企业各部门或者工艺之间的物质和能源的循环，一方面节约生产过程中物料和能源的使用量，控制和减少有毒物质和废弃物的排放；另一方面延长生产链条，最大限度地利用资源。杜邦公司在生产中尽量减少某些化学物质的使用量，加强对某些废弃物的循环利用，消化对环境有害的化学物质，同时研发回收本公司废旧产品的新工艺，这正是杜邦公司创造性地把循环经济"3R"原则发展成为与化学工业相结合的"3R 制造法"的具体表现形式。通过一系列创新技术和应用，截至 1994 年，该公司生产排出的废弃塑料物已减少了 25%，空气污染物的排放量减少了 70%。目前，很多美国企业也纷纷效仿杜邦公司，实行企业内部的物质循环。

杜邦公司也非常注重对自然生态环境的保护，早在 1989 年就提出了不包括温室气体排放的环境目标。但随后，杜邦公司意识到温室气体与全球气候变化的紧密联系，出于对环境保护的承诺以及对自身社会责任的认识，杜邦公司决定将保护大气环境付诸行动，制定了"到 2010 年公司全球工厂二氧化碳和温室气体的排放量较 1990 年减少 65%"的具体目标。这个目标后来提前实现，杜邦公司 2002 年温室气体的排放量就已经降低了 68%。

2）联邦政府推动下的生态工业园区建设——中观模式

在中观层面，工业园区模式也体现在美国的循环经济发展中。按照工业生态学的原理，通过企业之间的能量集成、物质集成以及信息集成，形成各产业间的共生耦合和代谢关系，使一家工厂的废水、废热、废气、废渣或其他副产品成为另一家工厂的原料或能源，建立物质循环利用的工业生态园区。在美国，这类工业园区的主体企业是炼油厂、发电厂、石膏板生产厂和制药厂。以这四类企业为核心，通过市场交易行为，将对方生产过程中排出的副产品或废弃物作为自己生产过程中所需的原材料。这不仅减少了废弃物的排放量和处理费用，还节省了生产成本，产生了很好的经济效益，形成了经济发展和环境保护的良性循环。如曾经是美国污染最严重的制造业中心的查塔努加（Chattanooga），就是以此方式转型成为循环型工业园区的。

美国国内生态工业园区是自1993年起开始兴建的。生态工业园区相关计划，主要由美国总统可持续发展委员会（PCSD）所辖的专家来制订。

此外，联邦政府在总统可持续发展委员会下还设立了一个"生态工业园区特别工作组"，专门研究如何将生态工业园区理论模型引入具体的实践中去。可见，美国的生态工业园区建设是在联邦政府的大力推动下进行的。目前，美国已经有近20个生态工业园区。其中，比较典型的有查尔斯岬可持续科技园区，它是美国的第一个生态工业园区项目，位于美国弗吉尼亚州南安普敦县，濒临东海岸南端的切萨皮克海湾。一直以来，这一地区存在着严重的高失业率、人口外流、经济衰退和环境恶化等问题。

在PCSD的推动下，针对查尔斯岬的情况拟定了一个建设"可持续县"的规划程序，并于1995年开始实施建设。这一规划主要是针对废弃物利用、衰落地区再发展的计划，其突出之处是"再生化"特色。生态工业园区的设计旨在促进查尔斯岬"历史上"的居住社区、商业及工业地景的"再生"。在此基础上，查尔斯岬镇及园区内会妥善进行生产力布局，把土地、水环境形态，以及传统的村落、城镇的居住形式和谐地安置在一起，以保存及促进东海岸传统。经过一段时期的建设，该园区及其周边地区的原有生态环境得到了较大的改善，并且当地的生态与经济发展呈现相互协调的状态，各种资源也得到了有效利用。园区引进的高新技术企业带动了当地产业技术的更新，原有产业也随之改良，同时创造了许多新的工作岗位，增加了当地的就业。

美国密西西比州中部的乔克托县（Choctaw County）也根据生态园的理念建立了新型的工业园区。这是一种全新型园区，是在对园区进行良好规划及设计的基础上，从无到有地进行开发建设的，区内企业间可进行废物、废热等交换。该园区以俄克拉荷马州大量的废弃轮胎为原料，采用高新技术将废弃轮胎分解，转化为炭黑、塑化剂和废热等再生产品，进而进一步衍生出不同的产品链，并与废水处理系统构成了一张生态工业网。该园区的特点是，从园区所拥有的特定丰富资源出发，采用新技术，实施废物资源化，构建成核心生态工业链，进而扩展成工业共生网络。

3）全社会范围内的循环型生产和消费——宏观模式

如果从宏观角度考虑，美国的循环经济发展模式可以说是循环型生产和消费模式。循环型生产是指在生产领域将生产废弃物及废弃产品回收再利用，重新作为生产原料投入生产环节。经过几十年的发展，目前美国循环经济行业已涉及传统的炼铁业、塑料业、造纸业、橡胶业以及新兴的家电业、计算机设备业、家居用品、办公设备等。参加的企业有5.6万家之多，民众广泛参与，年平均销售额已达2360亿美元，其规模相当于美国的汽车业，已经成为美国经济的重要组成部分。这些行业实施循环经济主要体现在资源、产品的循环再利用和环保方面。美国最大的废弃物回收再利用行业是造纸业，共雇用近14万人从事废弃物的回收，年销售收入达490亿美元。铸造业和钢铁业次之，分别雇用近13万人和12万人，年销售收入分别为160亿美元和280亿美元。在回收利用的废弃物中，塑料瓶、纸张的回收利用率分别为40%和42%，铁质包装物的回收率高达57%，啤酒和其他饮料罐的回收利用率为55%。此外，有关资料显示，美国每年产生的城市垃圾有8亿吨之多，其中建筑垃圾约3.25亿吨，占城市垃圾总数的40%，经过分拣、加工转化，可再生利用的达70%，其余30%的建筑垃圾被合理填埋。可以说，美国的建筑垃圾100%都得到了综合利用。另外，废弃物的分级处理大大提高了回收利用的效率，美国的建筑垃圾综合利用就是在分级的基础上进行的，大致可以分为三个级别：一是"低级利用"，即现场分拣利用、一般性回填等，这部分占建筑垃圾总量的50%~60%。二是"中级利用"，即用来作为建筑物或道路的基础材料，或经过处理加工成硬质材料，再制成各种建筑用砖等，这部分约占建筑垃圾总量的40%。三是"高级利用"，即将建筑垃圾还原成沥青、水泥等再生产品加以利用。

美国不仅重视对废品和垃圾进行处理加工使其成为再生资源，同时也十分重视循环消费。所谓循环消费，就是一件物品被淘汰时，根据其使用价值转让给有需要的其他人使用，待物尽其用时再作为废物处理掉。出于资源节约的考虑，美国在循环经济实施伊始就提倡生产领域和消费领域的物质和产品的循环消费。特别是随着循环经济的实施，循环消费的观念逐步普及，进而循环消费的社会机制也在逐步形成，循环消费成为美国循环经济发展的最基本内容。美国人开展循环消费的渠道很多，有庭院市场、旧物店以及网上旧物买卖市场。在美国，报纸和网站每周都大量刊登周末庭院甩卖广告。人们把自己用过的但对别人还有用的商品用这一最简单的方法，转移到下一个消费者手中，继续发挥它的效用，这是一种最简单的循环利用。另外，由慈善机构办的旧货店（节俭商店）遍及全国。这些旧货店主要将接受的捐赠物品和低价出售的旧货物所得的收入用于社会救济。美国专营旧货拍卖的网站也很多，如eBay是美国网民访问量最大、访问频率最高的二手交易网站。除了这样的商业网站外，政府还为鼓励循环消费开办了免费供民众和企业进行旧货交易的网站。如美国加利福尼亚州政府就开办了加州迈克斯物资交换网站。如今旧货网上拍卖等在美国司空见惯，月交易额达 3 亿美元。

美国提倡在不影响环境的前提下，充分合理利用现有资源，这是美国政府的一贯方针，这一方针也体现了循环生产和消费的理念。可见，美国循环经济的发展，从宏观到中观再到微观都形成了独特的"土生土长"的运行模式，适合本国国情，全面有效地推动了循环经济的发展。

3. 美国循环经济的特点

由于国情不同，循环经济实施的背景不同，循环经济的发展也呈现出不同的特点。美国循环经济的特点主要表现在以下几方面：

第一，理论研究和舆论呼吁对循环经济的发展有着重要的影响，形成了一种自下而上的诱致性的制度变迁。从 20 世纪 60 年代开始，美国理论界的学者专家深入研究环保、生态、资源等问题，提出了许多有利于推动循环经济发展的理论。另外，轰轰烈烈的环保运动，使得美国整个社会都开始关注并积极推动环境和资源的保护。所有这些都促使美国政府从 70 年代开始重视污染的治理，且开启了美国环保和治污的历程，也催生了循环经济的意识和理念，由理论的宣传到理念的转变，最后走上发展循环经济之路。

第二，美国以循环消费作为切入点发展循环经济。美国的传统消费方式是大量采购、大量消费、大量丢弃，这一点在美国人的日常生活中就能充分体现出来。而美国发展循环经济正是从鼓励绿色消费、循环消费入手，力图改变美国人传统的消费方式。美国不仅重视对废品和垃圾进行处理和加工，使之成为再生资源，而且十分重视循环消费。通过家庭的庭院甩卖（跳蚤市场）、慈善机构组织的旧货交易，以及一些商业网站或政府支持的网站组织的旧货买卖，使消费品在不同层次上经历多个消费过程，真正做到物尽其用。由于循环消费理念的普及和循环消费社会机制的发展，循环消费这一社会和经济生活中的现象已成为美国循环经济发展的有效方式，而且其社会效益不小于以废品、垃圾处理和加工为中心的资源再生活动所产生的效益。

第三，美国注重利用市场机制优化资源配置并协调利益关系。美国实行的是发育较成熟的自由市场经济体制，市场运行机制较健全、完善，在经济活动中能更加广泛地使用市场手段进行资源的配置和利益关系的协调。在环保方面，美国政府正是有效地利用了市场机制，对循环经济的运行发展起到了积极有效的作用，主要体现在以下几个方面：首先，利用经济杠杆调节循环经济的运行，包括利用市场的价格机制对新的再生产品价格进行调节，有力地推动再生产品的生产和消费。其次，运用市场机制来协调利益关系并管理排污问题，如通过鼓励性或者限制性措施促使排污企业自发排污，采取污染付费、环保治理补贴、保证金（还款制度）、政府采购等市场手段管理排污。其中，美国的排污权交易制度较其他国家更加健全有效，独具特色。最后，利用市场经济的利益机制，制定相关政策，激励和约束市场主体行为，使经济主体及广大民众更加注重环保，积极参与到循环经济的发展中来。

第四，美国循环经济发展呈现出在联邦政府统一框架下的州和地方"自治型"的特点。美国是在自由市场经济体制下发展循环经济的，由于美国市场经济非常发达，因此，它在很大程度上是利用市场机制推动发展循环经济。再加上美国三权分立的政治体制，使其在发展循环经济过程中，联邦政府只是制定大政方针，通过制定促进循环经济发展的产业政策、财政政策、金融政策等进行宏观管理和调控，防止要素市场、产品市场价格扭曲，确保市场机制在循环经济发展中的推动和协调作用，对各州及有关循环经济管理部门制定的循环经济战略、计划、措施等不进行过多的干预。因此，州及地方政府对当地循环经济的发展有很大的自治权，即可以制定相关的法律法规政策并实施。

第五，政府的示范和民间组织的推动作用共同促进了循环经济的发展。联邦政府除了通过制订计划、制定政策、实施措施等方式鼓励社会各界参与循环经济发展外，自身也积极投入循环经济的发展中。

另外，民众及民间非正式组织环保意识的提高及对环保的广泛参与成为循环经济有效发展的重要力量，这一特点源于美国对环保、循环经济的研究和宣传。

二、国外发展循环经济的主要经验

（一）德国循环经济的主要制度安排及创新

循环经济作为经济运行范式的革命，需要相应的制度体系来进一步规范。如前所述，制度是一整套应遵循的规则和合乎伦理道德的规范，用以约束个人的行为。正式制度包括政治规则、法律规则、经济规则及契约，具有很强的约束性，可以界定责任义务，确立衡量标准和惩罚机制。更重要的是，制度会对产权进行规范，明晰投资者对其投资所负的责任和对环境、生态保护的责任。

由于德国的循环经济实践与发展走在了世界前列，其理论研究与实践独树一帜，形成了具有德国特色的循环经济制度及体系，具体包括资源与环境、市场、生产、消费等方面的法律法规及相关政策。德国循环经济实践的突出经验是以各种相关制度来规范和约束人们的行为，使人们在经济活动中有章可循、有理可述。另外，推动循环经济的发展需要观念创新、制度创新和科技创新，其中制度创新是重点，是循环经济顺利发展的有效保证，德国的循环经济就是在不断的制度创新中实施和发展的。

德国的循环经济发展得益于完善而全面的正式制度，包括政治、经济和法律等制度。这些正式制度为循环经济的发展提供了有效保障。

1.政治制度及行政管理体系

德国是实行民主政体的联邦制国家，由联邦、州和地方三级政府组成。各州相对独立，拥有自己的议会、政府及宪法等。这种制度安排集中地体现在联邦参议院的职能和机制上。比如联邦参议院在对某项法律进行表决时，要求各州议员投票一致通过。因此各州的执政党议员对联邦参议院投票结果起决定性作用。这种政治制度决定了在联邦政府进行制度创新时必须考虑各州、各地的情况，既要考虑全局，又要考虑局部。

由于德国是联邦制民主国家，联邦和各州的立法权力由《德国基本法》（宪法）来确定。但在联邦宪法规定的范围内，联邦成员的主权受到法律的保护。因此在德国，不同的权责体系在联邦、州和地方三个不同层次进行了划分，并且设置了相应的组织机构。对于环保工作亦是如此，环境行政管理权责体系也分为三级，即联邦、州、地方（市、县、镇）。联邦政府主要负责一般环境政策的制定、核安全政策的制定与实施，以及跨界纠纷的处理。州政府主要负责环境政策的实施，同时也包括部分环境政策的制定。应该说，联邦政府在环境立法和政策制定方面具有领导和统率地位；而州政府主要负责环境执法。在与联邦或州的规章没有冲突的情况下，地方对当地环境问题有自治权。这种政治制度使德国循环经济相关法律法规及经济政策的制定呈现出层级分明、因地制宜的特点。尤其在立法时，政府既要考虑欧盟的要求和限制，又要考虑国家的国情，还要从各州及地方的实际情况出发。

德国的最高环境管理机构是德国联邦环境、自然保护与核安全部（以下简称德联邦环境部）。德联邦环境部成立于1986年，此前，内务部、农业部和卫生部共同负责环境相关管理事务。德联邦环境部的职能包括水与废物管理、污染控制、工厂安全、土壤保护与受到污染的场地管理、环境与健康、环境与交通、化学品安全、自然与生态保护、核设施安全、核材料的供给与处置、国际合作等。

此外，以下一些联邦政府部门也具有部分环境职能：联邦经济合作与发展部（原经济合作部）负责地质矿产、地下水、海洋等自然资源的部分工作；财政部负责对具有重要生态意义的环境恢复活动进行国家投资；经济技术部负责环境相关技术领域的很多工作，范围宽广；联邦消费者保护、食品和农业部负责海岸保护以及农业领域的环境保护；交通、建筑与房屋部负责海洋环境保护、噪声防治、城市发展与恢复；卫生部负责与"环境与健康"行动计划有关的项目；教育与研究部负责环境教育、促进可持续发展的基础研究。

另外，德国的各个政党对环保和发展循环经济的态度也有所不同。在众多的政党中，以生态保护理念为基本指导思想的德国绿党倡导生态环境保护。1980年，绿党与民主党组成了红绿联合政府，使他们的环保主张及政策在德国得以贯彻执行。在推进循环经济的发展中，这些主张和政策及有关管理制度和措施都发挥了积极的作用。

生态文明是在人类历史发展过程中形成的人与自然、人与社会环境的和谐统一，也是可持续发展的文化成果的总和，它说明人类应该是人与自然交融的有机体。德国执政党的生态文明观的核心就是从"人统治自然"过渡到"人与自然协调发展"，因此围绕环境问题的有关政治体制和法律体系等成为社会的中心议题，在这种政治制度下形成了诸多推动循环经济发展的具体制度。例如：在改造传统的物质生产领域，德国形成了新的循环经济及绿色产业体系；在精神领域，创造了环境教育、环境伦理、环境科技、生态文明、生态文化形式等一系列精神文明体系。这些又影响着政府的决策。

2. 法律制度

德国循环经济立法较早，经过几十年的立法实践已经建立起了较为全面、完善的循环经济法律体系。这些法律法规对推动清洁生产、减少废弃物的产生，以及废弃物的处置、清除和再利用等问题都分别进行了明确而详细的规定。而且德国循环经济法律体系中的责任共担原则、公众参与原则、源头预防原则等对推动循环经济的发展起到了积极的作用。在循环经济法律法规的贯彻方面，德国的做法也有独到之处。通过主管部门的监督和管理及企业内部控制构建了有效的监督与协调机制，并建立了相应的惩处和奖励制度，使政府和企业都能够积极贯彻循环经济的各项法规；同时以收费和征税为杠杆，通过实行产品责任制和制定明确的废弃物处理指标建立了比较完善的激励与约束机制。可以说，德国循环经济模式的主要特征是以立法的形式促进循环经济发展。

1）德国循环经济法律体系构成

德国循环经济的实施、生态保护及环境管理战略的制定均与环境政策和循环经济的立法有着密切的关系。德国的环境法律体系健全，政策配套完善，在国家层面有专门的法律来保障循环经济的发展，使其有法可依。德国关于循环经济的立法体系共分三个层次：法律、条例和指南。

从立法的主体构成来看，由于德国是联邦制的国家，多个联邦州组成拥有统一主权的国家。德国的宪法规定了联邦专有立法权、联邦与州共有立法权、联邦框架立法。联邦法包括《德国基本法》，此外还有联邦各机关制定的法律，联邦行政机关制定的行政法律，上级联邦行政机关为下级行政机关制定的相关法律。在德国循环经济的发展中，这些机构制定的有关循环经济发展的具体法律法规及条例，为促进全国循环经济的发展起到了极其重要的作用。此外，联邦政府环境立法的范围包括废物管理、大气质量控制、噪声管理、水资源管理、核能及其他自然保护、景观管理等。此外，《德国基本法》还赋予了各州立法权，各州有权根据该法的具体规定，同时结合本州的实际情况，制定和实施联邦法的具体实施方法和措施；州政府还有权制定相关的法规，用于规范和加强本州的循环经济发展。州以下的自治机构，包括县、独立市和市镇政府，也享有地方立法权，即有权在不违背联邦法、州法律的前提下制定能够对本辖区进行管理的规章制度。

简而言之，在循环经济实施过程中，联邦政府主要负责全国的环境保护和发展循环经济基本法规及各种制度的基本构建，各州政府再根据本州的具体情况和需要对国家的法律进行补充和细化，地方政府则是贯彻实施国家和州的法规的实施者。

2）德国循环经济法律框架

德国首先在有关具体领域实施循环经济思想，并先对个别专门领域分别立法，再制定统一规范的综合性法律。这种立法模式的优点在于，通过在个别专门领域的立法实践，能够对该领域所存在的问题予以及时有效的解决，在形成成熟的立法经验和立法理论后，再制定综合性法律，逐步形成科学而全面的循环经济法律法规体系。

德国大约已有 8000 余部联邦及各州的环境法律和法规，此外还有欧盟的 400 多个法规在德国也具有法律效力。可以说，德国已经形成了一套较为完善的循环经济法律体系。主要法律法规及其效果具体如下：

从 20 世纪 70 年代开始，德国就出台了一系列的环境保护法律法规，如 1972 年的《废弃物处理法》、1974 年的《控制大气排放法》、1976 年的《控制水污染排放法》、1983 年的《控制燃烧污染法》。1986 年，德国联邦环保部和各州环保局相继成立。1994 年，德国把环保责任写入了《德国基本法》。德国诸多的法律中最值得一提的是《循环经济与废弃物管理法》。该法是德国发展循环经济的纲领性法规，规定把资源闭路循环的思想理念推广到所有生产领域，并强调生产者要对产品"从摇篮到坟墓"的整个生命周期负责，还规定对废弃物首先是避免其产生，其次是循环再利用，最后才是处置。该法的目的是使德国垃圾管理适应社会、经济可持续发展的需要，对垃圾进行封闭式的管理，即垃圾不应被废弃，而是进行多样性的重复再利用。垃圾的重复利用被看作一种节省原生材料和环保的积极有效措施，而不再单纯作为减少垃圾的方法。另外，德国《包装法》颁布后也取得了很好的效果，因包装而产生的废物大大减少，包装设计也向低废化、轻质化、单质化的方向发展。厂商改变了原来的非环保的包装习惯，环境友好型包装得到重视，并逐渐成为一项广告卖点。在家具、食品、药品的包装上，重复利用的趋势十分明显，加上"绿点系统"对丢弃包装的收集，提高了回收利用率，减轻了垃圾填埋的负担。因此，虽然德国的消费总量在上升，但从 1991 年到 1997 年，每年初级包装品的销售额却从 7600 万吨降到了 6700 万吨，而同期工业部门收集的包装垃圾超过 7400 万吨，并将其中 2500 万吨送回了生产线。

除此之外，德国还颁布了很多涉及具体行业和具体废弃物处理的相关条例和指南，旨在提高保护环境和治理污染的可操作性，为法律条文的执行提供技术保障，例如有机物处理条例、污水污泥管理条例、废旧汽车处理条例、废电池处理条例、废木材处理条例、电子废物和电力设备处理条例、废物管理技术指南、城市固体废弃物管理技术指南等。这些条例和指南对很多行业的生产和消费行为进行了约束，取得了良好的效果。

饮料包装再利用。德国从 2003 年 10 月开始颁布法律对饮料瓶收取押金。法律规定，在购买饮料时，每个 1.5 升容量以下的瓶装或罐装饮料要收取 0.25 欧元押金，1.5 升以上的收取 0.5 欧元押金，以保证饮料瓶的回收再利用。

废旧物资的回收。德国在 1972 年制定《废弃物处理法》，要求关闭垃圾堆放场，建立垃圾中心管理站，将垃圾分类回收再利用。

冶金行业资源再利用。德国有关法律规定，对冶金生产中产生和留下的大量矿渣必须另作他用。德国 95% 的矿渣都实现了再利用，其中大部分处理成建筑材料，其余一部分被作为生产水泥的矿渣再利用，另一部分被作为化肥使用。70% 以上的粉尘和矿泥也被重复利用，大部分通过设备处理重新进入冶金程序。另外，2002 年德国实现了废旧钢铁的再利用。

废旧电子产品设备回收再利用。有关法律规定，废旧电器、电子产品不能随同普通垃圾丢弃，而必须放在专用回收箱，委托专业公司运走并进行无害化处理。该法还规定，电器生产商在进行产品设计时，就须考虑如何方便拆卸。根据欧盟统一的规定，电子产品生产商必须建立处理和再利用废旧电子产品的设施，这是其可以进行生产的前提。根据规定，从 2005 年开始，消费者可免费将废旧电子产品交给生产厂家处理。

废旧汽车再利用。在德国，生产厂家和进口商有义务回收废旧汽车并承担相应的费用，因此，汽车的最后一个所有者可以将汽车免费交回到生产厂家或者进口商。截至 2006 年，废旧汽车的重新利用率达到了 85% 以上；到 2015 年，这一比例将达到95%。

废油再利用。根据规定，出售机油的公司必须安装回收废油的装置，或委托其他回收公司回收其出售的机油，并支付相应的费用。旧电池回收。依据《废弃电池条例》的规定，不可随意丢弃废旧电池，必须由专门机构负责回收处理，因此，德国电池生产商和进口商成立了一个共同的回收处理网络，负责回收旧电池，并对其进行环保处理或者再利用。以上这些具体的法律法规条文形成了完善的法律框架，并通过严格的执行实现了各行业自律、自觉实施循环经济。

以上有关能源、资源以及废弃物循环利用的法律法规的有效实施取得了良好的效果，主要的城市废弃物收集率及回收率均不断提高。

3. 经济政策

在市场经济条件下，经济政策是政府干预经济主体行为的主要手段。德国在发展循环经济的过程中，除采取有效的法律措施之外，还采取了一系列的经济措施。其中包括减免税、财政绿色补贴、政府绿色采购、环保和再生产品价格支持、政府直接投资、金融机构的低息贷款等措施及相关产业政策，以此大力支持企业的环保行为及拉动循环型产品的消费。此外还实行了押金退款制度，以及各种收费、征税制度，如征收排污费、生态补偿税、资源使用税，以此提高直接利用原生自然资源的产品的税收标准。同时还制定明确的废弃物处置定量目标等，以此限制企业及个人的非环保行为。这样便形成了比较完善的激励与约束的双重机制。德国采取的主要经济措施如下：

1）排污收费政策

德国征收的排污费（废弃物处理费）主要有两种：一种是向生产商征收产品费；另一种是向消费者征收垃圾费。对于产品生产者来说，要对其生产过程中产生的废弃物缴纳费用，即产品费。产品费的征收充分反映了"污染者付费"的原则，对约束生产厂商节约使用原材料，积极进行生产技术的创新，以及提高垃圾处理效率都有很大的作用。对于公众消费者来说，在德国，各地区和城市的垃圾收费标准和方式是不尽相同的，分为按户征收和按排放量征收。目前，大部分城市采用按户征收的方式，少部分城市开始实施按不同废物、不同排放量收取不同费用的计量收费制。采取排污收费政策，强制生产厂商和消费者增加对废弃物的回收和处理再利用，为废弃物的处置积累资金，对推动减排和资源再利用起到了积极作用。据德国环保总局统计，实施废弃物收费政策后，企业每年仅为包装废弃物回收所交的费用就高达 2.5 亿~3 亿美元，这大大增加了企业排污成本，迫使企业减少包装、减少废弃物的排放；同时，家庭垃圾也减少了 65%。可见，这种收费制度是渗透到民众的日常生活中的。此外，德国的污水处理收费制度也独具特色。在德国，居民的水费中包含一定量的污水处理费，而且还规定市镇政府必须向州政府缴纳污水处理费，市民饮用水的水费按人口缴纳，其中 1/3 的水费归饮水公司，2/3 归废水公司。废水公司又将所得款项的 1/3 拨给污水处理厂，2/3 拨给污水输送管道系统。这样层层的费用调节分配，有利于对水处理进行经济补偿和监督。同时也对污水处理没有达到要求的企业予以巨额罚款，形成完善的奖惩机制。

2）促进循环经济发展的税收政策

德国政府非常重视使用税收政策引导公民选择有利于循环经济发展的行为。在德国环保税制的发展演进过程中，较为突出的是以资源税为主体的绿色税制改革，于1998 年制订了"绿色规划"。但在此之前，德国事实上经历了一个从开征分散的环境税到提出全面"绿化税制"（Greening Tax System）的发展变化历程。"绿化税制"是要使整个税制体现环保的政策要求，其措施主要有两方面：一是开征各种环境税，对不利于环保的经济活动征收附加税；二是调整原有税制，采取新的有利于环保的税收措施，取消对环境具有副作用的税种，从而使原有税收体制得以"绿化"。一般而言，绿色税制改革能起到双重作用：一是能改善环境条件；二是能利用积累的资金，缓解由其他税收政策引起的矛盾。

在绿色税制改革过程中，德国在国内工业行业及金融投资中将生态税引入产品税制改革中。生态税是对使用危害以及破坏环境的资源、材料及产品所增加的一个税种，目的是强化生产者的责任，促使生产厂商在生产过程中贯彻减量化、再利用、再循环的"3R"原则。例如，从 1999 年 4 月起，对采暖用油每升加收 2.05 欧分的生态税。从 2001 年 11 月起对每千克含硫量超过 500 毫克的汽油和柴油每升再加收 1.5 欧分的生态税。从 2003 年年初起，又将含硫量标准调整为每千克 10 毫克，使超过该标准的汽油和柴油每升加收生态税累计达到 1.88 欧分。

从 2002 年起德国开始对燃油和电力消费征收生态税。实践证明，生态税的引入有利于政府从宏观上控制和引导市场，通过经济措施引导生产厂商的行为，促使生产厂商采取先进的工艺和技术，从而达到改进生产消费模式和调整产业结构的目的。

此外，德国也制定了大量的税收优惠政策，一方面鼓励企业减少污染，提高资源的回收及利用效率，如规定能对包装物进行回收利用的企业可享受减免税优惠；另一方面鼓励企业提高环保技术的使用，如规定对环保设施的安装免征三年的固定资产税，并允许提取超过正常比例的折旧。

3）鼓励环保行为的政府补贴措施

在德国，政府给予可再生能源生产者较高的固定补贴。如对于兴建环保设施给予高补贴，数额相当于投资费用的 1%；对于兴建节能设施所耗费用，按其费用的 25% 给予补贴。可见，政府对环保建设方面非常重视和支持。另外，德国对于消费者的环保行为也给予大力的补贴支持。德国内阁在 2009 年 9 月批准了由联邦环境部提交的电动车生产、使用促进计划，消费者在 2012—2014 年期间购买电动汽车，就可享受 3000~5000 欧元 / 辆的税收优惠或环保补贴。另外，政府还采取照顾性地分配排污总量指标即排污权指标、建立循环经济科技研究和中小企业发展基金等政策。

4）德国政府对循环经济的金融支持

在循环经济发展过程中，为加快实施有关法律法规，建立废弃物处理装置、设备以及技术，兴建环保设施，研究与开发可再生能源，以及生产环保绿色产品，政府采取环保专项基金支持或给予贴息贷款的政策，对循环经济的投入多采用预算拨款、专项资金和融资政策等金融支持手段。联邦德国银行是德国的政策性金融机构，其在推动循环经济方面扮演着可持续发展项目融资者和环保目标执行者的角色。通过向符合条件的政府部门、企业甚至个人的环保项目提供优惠贷款，鼓励经济主体的环保行为，同时也监督其环保行为的实施。贷款条件包括：项目必须能够提高能源使用效率、使用可再生能源、用循环经济方法处置废弃物、减少废水产生、排放达标等。例如，企业在设置废弃物回收系统时，可得到中长期低利率贷款。另外，对于从事"3R"技术研发、工艺改进、设备投资等有利于循环经济发展活动的民间企业，根据情况也可享受不同的政策贷款利率。此外，政府还鼓励发展循环经济的企业上市。

5）产业政策扶持

德国政府较早地认识到废弃物处理是全民的事业，由于其投资巨大，不能完全依靠政府来解决废弃物问题，必须广泛吸引私人及各界参与才能迅速发展。因此，德国政府大力推动废弃物处理的市场化和产业化。对于废弃物处理的相关产业，政府给予了大力的支持。其中负责包装废弃物处置的"双元回收系统"有限责任公司及类似企业就是典型的例子。该类公司通过享受减免税等优惠政策，得到了政府的大力扶持，在废弃物处置、再生及再利用等方面做出了积极贡献，目前已成为循环经济发展中废弃物处置和再生资源再造的主要产业。

6）抵押金返还政策

如前所述，为了督促消费者将使用后的容器退还至商店，最终达到回收再循环使用的目的，按照有关规定，消费者在购买饮料时必须多交一定费用作为容器的抵押金。这是欧盟国家第一个有关包装回收的法令。同时，在《包装品条例》中也规定，对于不可回收利用的液体饮料容器，购买者必须对液体饮料使用的每个容器多付 0.25 欧元左右的押金。当容器返还时，押金予以退回。这一制度不仅迫使消费者返还容器，也要求生产者对容器进行回收利用。可见，德国循环经济政策遵循责任承担原则，废物收费政策、生态税政策强调的是社会各主体对资源环境消费所必须承担的责任。通过收费、税收及抵押金等政策措施扩大生产者和消费者的责任，利用经济措施约束他们的行为，抑制废弃物的产生，体现了预防为先的思想。

4.产品责任延伸制度

建立产品责任下的约束和激励机制，是德国贯彻循环经济有关法规，推进循环经济发展的重要措施之一。在德国，产品责任主要包括：一是对可多次利用的、技术寿命长的产品进行开发、生产和使用，在按规定无害化利用后，对废弃产品采取对环境有利的方法进行处置；二是在产品生产过程中优先使用再生资源或可利用的废物等；三是含有有害物质的产品要贴上标志，以确保产品使用后产生的废物能够以有利于环境保护的方式得到利用或处置；四是实施饮料购买的饮料瓶抵押规定；五是产品生产和使用后产生的废物要回收并进行处置和再利用；六是产品说明上要有回收、再利用的可能性和义务的说明。按照《循环经济与废弃物管理法》的规定，谁开发、生产、加工和经营产品，谁就要承担环保和发展循环经济的责任。为了推行产品责任，生产者应最大限度地在生产过程中避免废弃物的产生，保证有利于环境的再利用，确保利用中产生的废物得到合理处置。在这方面，德国制定了"谁污染谁付费、谁生产谁回收"等政策，从源头上减少了废弃物的产生。同时，消费者也有义务在产品使用过程中避免废弃物的产生，并在产品报废后使其返回循环过程。政府则负责对产品责任实施好的企业进行激励，反之进行惩罚和约束。这些措施极大地推动了德国循环经济的发展。

（二）日本循环经济的主要制度安排及创新

循环经济作为一种生态经济，它强调经济和生态环境的协调发展。这种经济发展模式是集社会、经济、技术于一体的复杂系统，也是一种全新的制度安排和经济运行方式。人们普遍认为，没有技术创新难以支撑循环经济的持续发展，但是只有技术进步，没有有效的制度保障，技术也难以得到有效利用。因而，发展循环经济过程中困扰我们的往往是一些非技术性的难题，如法律制度、行政管理制度、运行机制的构建，以及各种制度的贯彻实施。日本在循环经济发展中非常重视制度的构建与创新，成为世界上循环经济立法体系及其他各项制度最完善的国家，为循环经济发展及创建循环型社会提供了强有力的制度保障。

1. 政治制度及行政管理体系

日本实行以立法、司法、行政三权分立为基础的议会内阁制。国会是最高权力机构和唯一立法机关，分参、众两院。内阁为最高行政机关，对国会负责。首相（亦称内阁总理大臣）由国会选举产生，由天皇任命。天皇为国家象征，无权参与国政。应该说，日本的政治制度采取的是中央集权的模式，这种模式源于古代天皇制，虽然随着天皇权力的沉浮，中央和地方之间也分分合合，但是明治维新打破了诸侯分割制和等级制，建立统一国家，加强了中央集权。"二战"后，面对经济混乱、物资严重短缺的局面，继续采取中央集权的模式是有利于实现日本经济复苏及发展目标的。1946年11月颁布的《日本国宪法》规范了中央与地方的关系，就是要保持中央集权，同时防止中央专权，加强地方自治。与《日本国宪法》同一天颁布的还有调节中央和地方关系的《地方自治法》。由此可见，法律规定了中央和地方政府事权的划分。

由于这种相对集中的政治体制，日本环境法律法规的制定、经济政策的形成以及实施都与德国和美国不同，体现出了比较明显的中央政府主导的特点。这一点在环保行政管理机制的安排上也有所体现。在20世纪60年代之前，日本的环境管理工作还未受到重视，基本没有提上政府行政管理日程，某些环境保护工作只是由内阁各省分头管理。随着公害事件的发生和政府及民众环保意识的形成，1963年，首相府设立了"公害对策推进联络协议会"（后改为"公害对策本部"），其职能是协调各省（部）的环保工作，但因工作完成情况较差最终被撤销。

事实上，日本的国家环境管理工作正式起步于1967年。这一年通过的《公害对策基本法》明确了国家在保护国民健康和维护生活环境方面的重要责任，即制定防治公害的基本对策和综合措施，并付诸实行。1970年7月，公害防止总部成立，并由首相直接领导。此外，为处理环境纠纷还设立了"中央公害等调整委员会"，属于总理府的直属机关。但是当时防治公害的职能仍然分散在几个省、厅之间，给实施防治公害的综合性措施带来了一定的困难。鉴于此，日本首相决定成立环境厅。1971年7月，根据《环境厅设置法》，日本环境厅正式成立，其职能不仅包括防治公害，还包括对自然环境的保护。至此，日本从中央到地方都形成了比较完善的公害防止组织，中央环境保护机构分为公害对策会议和环境厅。

此后，环境厅的行政构成及职能不断发展和壮大，逐渐成立了负责保护地球环境的有关部局。然而，随着环境管理工作的日趋复杂化，特别是在生活型环境问题（如生活污水、汽车公害等）、全球环境问题、废弃物再利用问题、化学物质的环境风险等问题都摆上议事日程之后，日本当时的环境管理体制在协调管理上愈显乏力。日本政府意识到要不断强化环境管理制度，并对管理部门进行了改革。2001 年，环境厅正式升格为环境省。2005 年 10 月，环境省又设立了地方环境事务所。

环境省的主要职能包括：形成及推进政府总体性环境政策、统一管理环保相关事业、制定防治公害政策及废弃物处理对策、保护野生动植物及维护自然公园等。环境省和公害对策会议的职能基本一致，但也有区别。环境省主要负责组织、协同全国环保事务性工作；公害对策会议就环保方针、政策、计划、立法及重大环境行为向内阁总理大臣提出咨询意见，是其环境咨询机构。中央公害对策审议会下属于环境省，负责调查审议有关公害防治对策基本事项；公害对策审议会主要负责都道府县关于公害对策的基本事项和调查审议；公害对策会议主要负责市村街关于公害对策的基本事项和调查审议。以上公害对策机构均根据 1967 年颁布的《公害对策基本法》的要求设立。

此外，经济产业省、厚生劳动省、农林水产省、国土交通省、文部科学省、外务省等部门也协同中央政府行使部分环境管理职能。经济产业省和环境省共同执行生态工业园区的环境管理工作。生态工业园区需由环境省会同经济产业省根据废弃物产生情况，综合考虑地方政府管理和当地环境要求来批准设立。此后，经济产业省和环境省对生态工业园区在不同方面进行管理和支持。厚生劳动省负责食品药品等风险分析研究。农林水产省负责农业基础设施建设、管理及研究，以及土地改造和森林保护工程。国土交通省负责水资源保护及治理方面的基础性、综合性规划，以及温室相应对策和二氧化碳排放控制项目的管理。文部科学省负责人类、自然与地球共生项目，以及综合地球观测和监视系统等工作。外务省负责对外环境援助。

在日本，除了中央一级的环保机构之外，都道府县和政令指定型城市的环境管理机构、政令城市的环境管理机构、地方环境管理体制也都比较健全，地方政府在解决环境问题上也发挥了非常重要的作用。一方面，地方政府及其环境保护部门的工作大多都走在中央政府的前面，并且在环境管理制度的创新上也走到了前面；另一方面，地方政府所制定的环境标准一般都严于中央政府。

2. 法律制度

日本循环经济的实行首先从制度的制定开始，利用制度进行强制和引导。制度是一系列被制定出来的规则、守法程序和道德伦理规范，它旨在约束利益主体追求福利或效用最大化的个人行为。法律制度在制度构建中占有重要地位。为了解决环境问题，日本政府认识到必须抛弃传统的线性经济运行方式，代之以减少废弃物产生与合理处置、加工、再利用废弃物一体化的资源循环链条，创建控制自然资源浪费、减轻环境负荷的"循环型社会"。基于这种认识和战略构想，日本政府从 20 世纪 60 年代开始有计划地着手制定废弃物循环利用相关法律制度。因此，日本循环经济立法主要集中在废弃物的循环及相关资源的综合循环利用方面。

日本循环经济立法主要立足于对市场主体权利和义务的设置。由于循环经济的参与者包括政府、企业、民众，而企业在循环经济发展中"唱主角"，因此日本在进行制度安排设计时，将实施主体定位为企业内部、企业之间、社会和民众。

总的来说，日本环境立法更加注重建立整体化的法律体系架构，形成了比较健全、完善的体系，同时配以相应的实施条例及实施措施。日本循环经济法律体系由基本法、综合法、专项法组成。

一是基本法层面，即反映循环经济基本要求的纲领性法律《推进循环型社会形成基本法》。2000 年，日本政府在新的《环境基本法》基础上，制定了具有宪法作用的《推进循环型社会形成基本法》。该法作为一项循环经济"基本法"，有着特别重大的意义。它从法律制度上明确了 21 世纪日本经济和社会发展的方向，提出了建立循环型经济社会的基本方针。其主要内容包括，明确建立循环型社会的目标，从法律角度将"废弃物"定义为"可循环资源"，将经济活动划分为生产、消费及处理阶段，明确规定国家、地方政府、企业和个人对建立循环型社会的责任和义务，尤其强调了政府制定建立循环型社会的相关措施的责任。这些规定的目的就是对生产、流通、消费、废弃等社会经济活动的全过程按着"最佳生产、适度消费、最少废弃"的原则加以监控，控制废弃物的产生量并使之得到适当处理，使资源和能源得到循环利用，最大限度地减少环境压力，实现经济社会的可持续发展。该法律的出台和实施标志着日本在建立循环型经济社会的道路上迈出了关键的一步。日本循环经济立法采用的正是基本法统率综合法和专项法的立法模式，其他领域的循环经济法律法规也是在该项基本法的指导下建立的，因此日本循环经济法律体系是以基本法为核心和基础，以综合法为支撑，以专项法为具体操作指南的，包括污染防治、资源循环利用、自然保护、环境纠纷处理、救济环境管理等多方面内容的综合体系。

二是综合性法律，如《固体废弃物管理和公共清洁法》《废弃物处理法》等。这一层次的法律要求在产品的设计、制造、加工、销售、修理、报废各阶段综合实施"3R"原则，达到资源的有效利用，充分体现了循环经济的特点。

三是专项法律法规。专项法是根据不同行业的各种产品的性质制定的具体法律法规，以明确废弃物循环再利用的具体标准和操作方法和要求，包括《家电循环利用法》《建筑材料循环法》《绿色采购法》《食品资源再生利用促进法》等。这些法律非常具体而且易于操作。比如，《家电循环利用法》规定了家电生产厂家必须承担回收和利用废弃家电的义务和责任，家电销售商则有回收废弃家电并将其送交生产企业再利用的义务，消费者也有定点缴费回交家电的责任，企业必须回收的家用电器为冰箱、电视、洗衣机和空调四种，其回收利用率分别不低于 50%、55%、50% 和 60%。日本的废弃家电每年多达 60 余万吨，占城市垃圾的 9%。自 2001 年日本实施《家电循环利用法》后，消费者定点回交大件家电，经销商负责收回废弃家电并集中送到主要由家电生产厂商投资设立的废弃家电处理中心，将其分解后再按资源类别进行处置和循环利用，大大减轻了废旧家电给环境带来的压力。《建筑材料循环法》规定，企业必须对建筑工地产生的水泥、木材、沥青等大量的废弃物实行循环利用，否则将会受到处罚。《食品资源再生利用促进法》规定了消费者和食品相关企业必须努力控制食品废弃物的产生。对不得以产生的食品废弃物，必须将其循环利用，如将其转化成动物的饲料或者农作物的肥料，政府将为加工利用食品废弃物饲料和肥料的企业提供方便和优惠政策。《容器和包装物的分类收集与循环法》规定了要改进运输过程中的物品包装材料和包装方式，减少一次性木材制品包装物的使用，尽量将包装物多次循环使用，以减少包装材料的使用量。

3. 经济政策

日本在发展循环经济、构建循环型社会的过程中，除采取有效的法律制度安排之外，还辅之以经济手段促使企业加快循环经济相关研发和实践的步伐。日本循环经济激励制度主要包括税收、价格、信贷等政策，同时建立生态恢复和环境保护的经济补偿和处罚机制，引导企业自愿、自觉地发展循环经济。

税收优惠政策。政府通过给予税收方面的优惠政策鼓励企业的环保行为。例如：对废旧塑料制品类再生处理设备，在使用年限内，除了享受普通退税外还按购入价格的 14% 进行特别退税；对铝再生制造设备、空瓶清洗处理装置、玻璃碎片和废纸脱墨处理装置使用的夹杂物去除装置等，除实行特别退税外，还可享受三年的固定资产税返还；对防治公害的设施实行减免固定资产税的优惠，根据设施的差异，减免税率分别为原税率的 40%~70%。

政府补贴及财政预算制度。《推进循环型社会形成基本法》中规定，政府必须采取必要的财政措施推进循环型社会的建设。日本政府主要采取补贴的方法鼓励企业进行循环经济有关的研发与实践。比如：对引进先进能源设备的企业予以补贴，其补贴率为 13%；对开发环保技术的中小企业，政府也动用较大财力进行补助，补贴费用率最高可达 50%；政府对废弃物的处置、再生资源化工艺设备的生产者给予相当于其生产、研发费用 50% 的财政补贴；等等。此外，在预算制度上对循环经济发展给予支持。对循环型社会公共设施的完善和环保事业的建设，政府提供相应财政支持。根据相关的预算制度，日本政府的环保投资逐年加大，从 1990 年的 13403 亿日元增加到 1999 年的 30213 亿日元，增幅为 125%。1995 年之后，日本政府环保投资占一般财政支出的比重一直保持在 1.6% 以上。各地方政府的环保投资也从 1990 年的 37218 亿日元增加到 1996 年的 61751 亿日元，增幅为 65.9%。与此同时，环保投资占地方财政支出的比重也由 4.5% 提高到了 5.9%。除此之外，各级政府还通过设立资源回收奖鼓励废弃物的回收再利用。绿色采购制度。日本政府于 2000 年颁布了《绿色采购法》，对政府机关部门的采购予以明确规定，即优先购买能够减少环境负荷的、有利于环保的产品。到 2003 年，政府部门的文具类、办公用纸和仪器类的绿色采购已占实际采购的 95%

以上。该法还规定绿色采购商品的品种及评判标准。绿色采购商品的品种由 2001 年的 101 种扩展到 2005 年的 201 种。同时还确立了与公共事业相关的 55 个绿色采购商品。金融支持政策。在循环经济发展过程中，企业要进行环保和资源再利用、加工等活动，需要添加和更新设备。政府对相关设备改进及更新给予一定的金融支持。具体做法为，只要满足一定条件，政府就可以为引进和实施"3R"技术设备的企业提供低利贷款；对于设置资源回收系统的企业，政府的非营利性金融机构可以提供中长期优惠利率贷款。

废旧物回收交费政策。政府规定对废旧物资要实行商品化收费制度，即废弃者应该支付与废旧家电收集、再商品化等有关的费用。所以，在日本，消费者一定要将废旧的电器在指定时间内送交到指定的回收地点，并缴纳一定的费用。目前，日本规定的四种废旧家用电器的再商品化交费标准为：电冰箱平均为 4600 日元 / 台，室内空调器为 3500 日元 / 台，洗衣机为 2400 日元 / 台，电视机为 2700 日元 / 台。

大力发展绿色消费市场，扶持社会静脉产业。日本在发展循环经济过程中非常重视提倡绿色消费。在日本，只有贴有政府认可的环境标志的商品才可以出售。该标志表明产品从生产到使用再到回收的全部过程均符合环保要求。此外，通过减免税等税收优惠政策以及政府直接或间接投资等形式，大力扶持静脉产业的发展，目的是在整个社会范围内形成自然资源、产品、再生资源的循环利用。

探索和尝试绿色 GDP 制度，为政府制定循环经济发展政策提供依据。日本政府在国民生产总值核算体系中引入绿色 GDP 制度，用一定的方法将经济增长背后的资源消耗、环境污染和生态破坏加以扣除，真实地反映经济发展的状况。目前，世界上还没有公认的方法来对资源消耗、环境污染和生态破坏进行货币衡量和计算，但日本在计算区域经济 GDP 的时候，从比较的角度，把每项经济活动的经济增长数值后面都列上该项经济活动造成的环境质量的升降、资源开采及消耗的总量、生物多样性的增减、环境污染与生态破坏防治的投资额等参数，以此建立更加体现环境成本的 GDP 核算体系，进而约束资源消耗和环境污染等。这一制度在世界各国的循环经济中是不多见的，可见日本在这方面是走在世界前列的。

4. 环境影响评价制度

所谓环境影响评价制度，是指项目发起人在项目设计的过程中，有责任对待开发项目可能造成的环境影响进行调查、预测和评估，并把结果向公众公开，进而根据评估结果及政府和公众的意见采取适当的环保措施。

1969 年，美国颁布的《国家环境政策法》中首先提出了环境影响评价制度，随后很多国家纷纷效仿。1972 年，日本制定了该国第一套环境影响评价制度。随后，为了使该制度的体系更加完备，政府于 1981 年将环境影响评价法案提交国会，但没能通过。1984 年，"内阁决议环境影响评价"制度开始实施，各地方政府也加快建立当地的环境影响评价法令。1993年，日本颁布的《环境基本法》中包括了环境影响评价制度。1997年6月，《环境影响评价法》正式颁布实施。

《环境影响评价法》实施的目标是为大型工程的环境影响评价设定程序，并在项目决策时提供评价结果，以便恰当地考虑项目建设的环境保护问题。该法规定，需要进行环境影响评价的包括公路、水坝、铁路和电场建设项目等13类项目，并规定了环境影响评价的程序等重要内容。这部法律将环境影响评价法制化、制度化，使日本政府由控制公害转向对整个国土环境的保全控制上来。在此基础上，地方政府的环境影响评价体系也逐步形成。

日本的环境保护制度规定民众拥有"环境权"，因此，任何项目的开发都不能无视当地民众的利益和意愿，不允许开发者独断地支配和利用区域内的环境。民众有权参与跟自己利益有关的环境问题的决策并发表意见。在信息公开和民众参与的前提下，形成公平、公正的项目开发决策过程，以此预防环境污染和公害的产生，尽量减轻开发行为对环境可能造成的不良影响。

5. 各方责任制度

在循环经济发展中，生产者责任延伸制度是对企业最具约束力的责任制度之一。日本是最早接受生产者责任制理念的国家，而且相关法律比较全面、系统、成熟。日本政府出台了许多有关循环经济发展中各利益主体"责任"和"义务"的规定，其中《推进循环型社会形成基本法》最直接、明确地规定了国家、地方公共团体、企业、民众在建设循环型社会中的责任与义务。其中，对企业责任的规定体现了生产者责任延伸的理念及其具体做法。规定如下：

国家的责任和义务包括：制定基本的、综合性的政策措施，为推进循环型社会的建设，在法制、财政、金融、税收等方面制定和采取相应的措施。此外，政府每年必须就资源的发生、利用以及废弃物处理情况向国会提出报告，并制定和公布下一步将采取的政策措施等。地方公共团体的责任和义务包括：依照《推进循环型社会形成基本法》确定的基本原则，为贯彻"3R"理念、确保资源的循环利用而采取必要的措施。地方政府必须根据本地区的社会和自然条件，制定具体的政策和实施措施。

企业的责任和义务包括：企业必须遵照该法确定的基本原则，自觉减少废弃物的产生，为循环利用资源采取必要的措施，对自身不能循环再利用的资源，有责任予以妥善处理。产品、容器制造和销售等企业，要努力提高产品或容器的耐用性，以延长产品的使用时间，减少废弃物的生成；同时要标明产品和容器的材质与设计，以便于这些产品或容器废弃后的回收和再利用。凡是在技术和经济上属于可以循环利用的资源，企业不得以任何借口拒绝使用。容器制品的制造和销售企业，有义务通过以旧换新等形式回收其生产或销售的产品，并采取措施使之得以循环利用。对那些国家和地方公共团体实施的推行循环型社会建设的政策措施，企业有责任和义务予以配合。

国民的责任和义务包括：国民有义务遵照该法确定的基本原则，珍惜和延长产品的使用周期，积极使用再生品，控制废弃物品的产生。国民应对生产和销售企业回收其废旧产品予以配合，同时对国家和地方公共团体采取的推进循环型社会建设的政策措施予以配合。

总之，日本以法律的形式规定了以生产者责任为核心并加以延伸的全面、多维、立体的责任制度。

（三）美国循环经济的主要制度安排及创新

各国的循环经济都是伴随着法律制度、经济政策和各种管理制度的不断完善而得以发展的，制度安排与创新对循环经济发展的重要作用已经为发达国家的实践所证实。由于循环经济本质上是一种生态经济，是强调经济和生态环境协调发展的全新经济模式，从技术角度看，不同于传统线性经济物质流动模式，表现为资源消耗的减量化、再利用、再循环的"3R"特征；从社会经济角度看，是一种新的生产和生活方式，建立在人类发展的代际公平和效率基础上，是以全社会生活福利最大化为目标的新的社会形态。这种发展模式是集社会、经济、技术于一体的复杂系统，它要求有全新的制度安排保障其运行。技术对循环经济固然重要，但没有有效的制度保障，技术也难以得到有效利用。从制度经济学的视角来看，循环经济不仅是一种新的经济运行方式，同时也是一种新的制度安排。它把生态环境和自然资源看成稀缺的共有福利资本，因而要求把自然资源和生态环境都纳入经济循环过程中来参与定价和分配。它要求改变经济活动的私人获利与社会成本的不对称性，使外部成本内部化；要求改变环保企业在治理污染、保护生态环境的运行中内部成本与外部获利的不对称性，使外部效益内部化，实现资源供给与生态环境的均衡，保证经济增长，最终实现社会福利最大化和社会公平。这就要求进行制度创新，包括两种方式：一种是强制性制度创新；另一种是诱致性制度创新。美国发展循环经济的制度创新正是把两者较好地结合起来的产物，构建了比较完善的循环经济法律法规体系，制定了有效的循环经济发展政策。同时重视非正式制度的建设，较好地推动了循环经济发展，建设消费型循环型社会。

1. 政治制度及行政管理制度

美国是一个联邦制国家，其环境管理体制为：联邦政府制定有关环保的基本政策、法规和排放标准，州政府主要负责相关法律的实施。美国环境法确立了联邦政府在制定和实施国家环境目标、环境政策、基本管理制度和环境标准等方面的主导作用，同时承认州和地方政府在实施环境法规方面的重要地位。联邦政府设有专门的环境保护机构，对全国的环境问题进行统一管理；联邦各部门也设有相应的环境保护机构，分管其业务范围内的环境保护工作；各州也都设有环境保护专门机构，负责制定和执行本州的环境保护政策、法规、标准等。因此，美国的环境管理体制较为健全。

美国国家环保局代表联邦政府全面负责环境管理，是各项环境法案的执行机构，其宗旨是保护人类居民健康和自然环境。美国环保局具体职能主要包括：制定、监督和实施环境保护标准，如废弃物排放标准及其他环境质量标准；颁布有关环保条例及规章；进行环保执法；组织对企业排污行为的现场监督和调查；执行排污许可证制度；负责商业化学品及农药的相关管理等。

联邦政府中除设有环境保护局外，在总统办公厅还设立了由三人组成的总统环境质量委员会。该委员会是总统的环境咨询机构，协助总统收集、分析和解释有关环境情况，编制国家环境质量报告，向总统提出有关改善环境的政策建议，帮助总统起草有关对外环境政策的报告。可见，美国国家环境质量委员会是总统环境政策方面的顾问，也是制定环境政策的主体，担负有为总统提供环境政策方面的咨询服务，及监督、协调各行政部门有关环境方面的活动的职责。

在环境问题已成为当今世界各国经济发展所急需解决的重大问题时，美国作为经济最发达的国家，对环境问题关注得较早，研究也较深入。由于美国的循环经济起源于环境保护，因此构建了一套较严格健全的环境管理制度，强化政府的环境管理职能已成为美国政府有效地解决环境问题的重要手段。美国在长期的环保运行中有效运用行政管理手段，制定具体管理标准，如排污标准、各种环境指标、监督检查实施情况，采取鼓励或惩罚措施加强对环境的保护，均取得一定成效。

此外，在行政管理过程中，美国政府有效地实施了自然资源和环境保护等方面的协作管理措施。联邦政府利用各种方式倡导对自然资源的保护，同时协调联邦政府、州政府、地方政府、企业、社区、非政府组织和公众，使其以各种有效方式积极参与自然资源的保护活动。加强各级政府内部的合作，建立联邦—州合作制和政府—社会合作制，相互促进、互相制约，推进环保和生态保护工作的进行。在这一过程中，联邦政府与其他相关机构按可持续发展战略制定科学的环境质量标准，提供具有可操作性的保护和生态的运作模式。

同时，美国也注重行政管理的民主性，在行政管理中扩大公民参与。主要途径包括：一是通过制定行政程序法、情报公开法等法律，确保民众的听证权、知情权、意见表达权等权利；二是推广社区治理模式，强调自下而上的参与，使公共政策的制定与执行更符合民众的需要；三是实施网络互动模式，使其成为政府与公民间互相沟通和对话的重要途径，缩短政府与公民之间的时空距离，推动政府与公民的直接对话和信息的交流，克服信息不对称。目前，美国正在试行利用网络系统把整个联邦机构的几千个办公室纳入互联网，民众可以随时发表意见，加强对政府决策的影响力；同时政府能更广泛地了解公众的意见，改善决策者的有限理性，集思广益，实现决策的科学化、民主化。

近年来，美国环境行政管理也发生了明显变化。由于通过市场机制来改变企业行为的效果好于直接通过行政命令来改变企业行为，因此市场性政策工具得到了广泛使用。排污收费、押金返还制度等也大都借助市场力量来发挥作用，因为只要它们设计得科学合理并得到认真执行，就会促使经济主体为了维护自己的经济利益主动采取措施积极减排，在整体上促进环境保护目标的实现。环境管理领域的政策制定者已经把环境经济手段作为一种重要手段，环境经济政策已经走上了环境管理的前台。

美国环境行政管理由以行政手段为主向以市场为基础的经济手段转变收到了较好的效果。过去行政管理部门主要是采用技术标准和排污标准，以行政命令或法规条例的形式规定经济主体应达到的污染控制目标。这些措施虽然取得了一定的成效，但也带来了政府管理成本过高等问题，政府无论是制定排污标准还是技术标准，以及监督和管理这些标准的执行，都需要花费大量成本。针对行政管理的种种缺陷，经过不断尝试，以市场机制为基础的经济管理手段开始得以实施。

2. 法律制度

美国的循环经济法律法规制度不同于德国和日本，到目前为止还没有循环经济的基本大法（美国将循环经济的法律法规都称为环境法）。《国家环境政策法》是美国最早的有关环境政策的立法，是于1969年通过的，主要包括四个方面的内容：一是制定国家环境政策和国家环境保护目标；二是明确国家环境政策的法律地位；三是规定环境影响评价制度；四是设立国家环境委员会。该法是世界上率先导入环境影响评价制度的法律。美国在制定环境保护法律方面走在世界前列，早在19世纪就制定了环境保护法，可以说是世界上环境法制定较早且比较完善的国家。美国环境法内涵丰富、涉及面广。对于环境污染的治理，美国最初是用普通法中的侵权规则加以救济，后来才开始制定成文的生态环境保护法律，形成了较完善的环境方面的法律体系。

美国循环经济的法律法规包括四个层次：综合性的循环经济法律法规；专项的循环经济法律法规；在其他相关法律法规中充实能够促进循环经济发展的规定；各州的循环经济法律法规。由于美国实行三权分立的政治制度，联邦政府制定的法律并不多，主要是各州的立法比较多。

自20世纪70年代开始，美国开始了大规模的环境立法，经过多年的发展，目前已形成了较为完备的环境法律体系，仅在污染控制方面就先后制定了《空气质量法》《清洁水法》《安全饮用水法》《固体废物处置法》《综合环境反应、赔偿和责任法》《有毒物质控制法》《污染预防法》《噪声控制法》《能源政策法案》《资源保护与回收法》《海洋倾倒法》等一系列有关环保和节能的法规与计划目标。

其中，1976年颁布的《资源保护与回收法》有力地促进了美国废弃物的再生、再循环和综合利用，并要求各州制定相应的法规和计划，加强对废弃物的回收再利用。1990年，美国国会通过了《污染防治法》，提出"对污染尽可能地实行预防或源削减"，是美国的国策。2000年，时任总统克林顿签署了《有机农业法》，该法的实施对美国生态农业的发展产生了非常深远的影响。为了降低建筑能耗，美国政府于 2005 年出台了《能源政策法案》，制定了新建筑的能耗新标准，规范了锅炉等供暖设备的节能技术指标和保暖性能等。

除联邦一级法律外，各州也制定了相应的法律，有的比联邦法律还要严格。美国的俄勒冈、罗得岛、新泽西等许多州从 20 世纪 80 年代中期以来，先后制定了一系列加强环保、保护生态、促进资源再生循环的法律法规。随着其社会经济的发展，美国虽不断调整环境法律法规内容，但其核心内容一直围绕三点：一是鼓励节约能源；二是充分合理利用现有资源，特别是不可再生资源；三是大力促进可再生能源的开发利用。

3. 经济政策

20 世纪 70 年代是美国环境政策的建立和发展时期，在大规模群众性环保运动的推动下，国会和联邦政府出台了一系列环保措施，将美国的环境政策构建推向高潮。美国的环境政策主要是制定环保激励和污染约束措施。

1）税收优惠政策和处罚政策

一方面，美国政府通过财政税收手段，鼓励再生资源的开发和利用，资助与此相关的科研项目，为可再生能源的有关项目提供抵税优惠、减免税优惠政策。例如，康涅狄格州的法律规定，对那些再生资源加工利用企业，除提供低息风险商业贷款以外，该类州级企业的所得税、财产税、设备销售税等也可适当予以相应减免。亚利桑那州有关法律规定，对分期付款购买再生资源及污染控制型设备的企业可削减 10% 的销售税。另外，消费者购买节能产品可获得减免消费税的税收优惠，如美国规定购买电池燃料车等新型车辆的消费者可享受优惠税率或减免税待遇。另一方面，设立处罚性税收政策。如征收废弃物填埋和焚烧税，针对将垃圾直接运往倾倒场的公司或企业，通过征收垃圾税等政策限制其滥倒垃圾。又如征收新材料税，对更多的使用原生材料的企业收税，促使企业使用再生资源和循环利用资源。再如征收生态税。除使用太阳能等可再生能源外，对使用汽油、电能的要征收生态税。美国的生态税和其他税一样，其征收管理都执行得非常严格。它由税务部门统一征收，转入财政部门，财政部门再将其分别纳入普通基金预算和信托基金中，后者再转入以环境保护为专项内容的超级基金，超级基金再纳入联邦财政预算内管理。在美国，拖欠及逃、漏生态税的现象很少，生态税征收额呈逐年上升趋势。此外，还有开采税、资源税等。这些措施约束着企业的非环保行为，直接刺激着循环经济的发展。

2）奖励政策

对于一些环保行为，以及相关技术创新，政府给予一定的奖励。例如，为了支持那些具有基础性和创新性，并对工业生产具有实用价值的化学工艺新方法，以减少资源的消耗增加废旧资源回收再利用，美国于 1995 年设立了"总统绿色化学挑战奖"。

收费政策。美国各级政府制定了很多针对非环保行为的收费政策以减少污染、保护环境。例如，美国在 200 多个城市实行倾倒垃圾收费政策。实践证明，这一政策的实施使每个城市可减少垃圾数量 18%；瓶罐收费可使废弃物重量减少 10%~20%。又如，在全国居民用水的水费中加收污水治理费，使每个居民都承担起污水治理的责任。美国政府还规定市镇政府必须向州政府缴纳污水治理费，对未按时缴纳的处以罚款。

3）政府直接拨款及投资兴建环保项目

政府作为公共产品的提供者，对于保护环境资源、预防和治理污染责无旁贷。美国政府在这方面也做出了很多努力。2004—2006 年，美国政府几乎每年拨款 30 多亿美元给州、地方政府，用于旧家电的回收和鼓励购买节能家电产品。2003 年，美国政府根据《能源政策法》，拨款 3 亿美元用于太阳能工程项目，目的是在 2010 年前在联邦机构的屋顶安装 2 万套太阳能系统。为了进一步发挥水电的效能，在美国政府各种政策和经济资助等的支持和鼓励下，先后修建了近 7.5 万个水坝，尽管仅有约 113 的水坝得到了利用，但经过多年的努力，水力发电已占美国能源总产量的 10% 以上，成为美国最大的可再生能源。此外，联邦政府还在 2004 年增拨款项 1 亿美元，用于提高现有水电站的生产能力，进一步提高水电站的发电量。

4）政府采购政策

美国政府非常重视推动政府的绿色采购行为。例如，为了推动再生资源产业的发展，美国政府采取了一些较有力的调控手段。1993 年克林顿总统签署行政令，要求政府机构办公用品的采购中再生产品要达到 20%，1999 年又将这一比例提高到 30%。政府这一行政命令的实施使再生产品在联邦政府采购的办公用品中的比例两年内增加到 35%。这也体现了政府的环保带头作用。在政府的带动下，各州和地方政府也相继制定了相关政策。美国几乎所有的州都制定了政府采购政策，要求政府使用再生的材料和产品。同时建立了政府采购方面的监督、审查制度，如联邦审计人员有权对各联邦代理机构的采购物品进行审查，对未按规定购买的行为要处以罚款。

美国环境政策的制定与实施注意保护环境与发展经济的关系，兼顾社会多元主体的不同利益和要求。20 世纪 90 年代以后，美国的环境和循环经济政策出现了新的趋向。一是由于市场机制和经济手段收到的效果越来越好，因此受到环境政策制定者的青睐；二是成本—收益分析方法在制定环境政策时被广泛使用，说明利用市场机制的利益机制越来越被认可；三是进一步公开环境信息的政策不断出台，如不断扩展的有毒物质目录、公布环境指数等；四是"环境公正"成为美国公众的理念，环境保护权利和义务的公平分配得到越来越多的关注，并逐渐体现在政策制定中；五是固体废弃物的回收利用活动日渐高涨，联邦政府的固体废物管理政策也成为关注的焦点；六是关注温室效应和由此引起的全球气候变暖已经成为许多政策争论的焦点及外交政策的一部分。

4. 环境影响评价制度

美国是世界上最早实行环境影响评价制度的国家之一。自 1969 年发布《国家环境政策法》以后，就制定了环境影响评价制度。环境影响评价是指对拟开发项目中的人为活动（包括资源开发、建设项目、区域开发）可能对环境造成的影响（包括环境污染和生态破坏等负外部性及对环境的正外部性）或环境后果进行分析、论证，并在此基础上提出防治措施和对策。环境影响评价制度是美国环境政策的核心制度。美国的《国家环境政策法》大部分内容都是围绕有关环境影响报告的讨论和案例。环境影响评价制度是民众和环境保护团体监督和制止非环保行为的强有力的监督武器，在环境保护中以该法为依据提起了很多诉讼，给予了环境污染者有力的约束和制裁。

环境影响评价制度是为解决项目开发和经济活动在对环境与资源的利用中普遍存在的经济利益与环境保护相冲突的问题而制定的一项重要法律制度。美国《国家环境政策法》明确了环境保护的国家责任及州、地方政府等的责任，并规定联邦政府的有关行为要编制环境影响报告书。这些行为包括立法行为和项目提议行为，还包括联邦政府直接参与及间接参与的行为，如项目认可或财政支援等行为。

美国环境影响评价的范围非常广，包括法律行为和行政行为，还包括上至政府决策、立法，下至项目建设等内容。美国环境影响评价的内容主要包括：第一，计划进行活动的各种可供选择的方案对环境的影响，并详细说明各种可供选择的替代方案。这是环境影响评价的核心内容，即建议行动和替代行动。第二，计划活动受影响的环境与对环境的影响状况。在美国，法律要求在环境评价阶段就拟议行为的"环境影响"做出基本判断，从而决定是否进行此行为和是否进一步编制环境影响报告书。第三，各计划行动方案及问题发生后的补救措施和环境后果。这是在对包括拟议活动在内的所有可供选择方案对环境的影响进行科学分析的基础上展开的讨论。

美国《国家环境政策法》规定的替代方案被看作美国环境影响评价制度的核心。从美国《国家环境政策法》的立法背景和内容来看，环境影响评价制度的根本目的是将环境影响评价结果用于政府有关部门的科学决策，而替代方案则能使决策者全面考虑环境利益、社会利益和经济效益，选择对环境损害最小而对社会和经济最有益的行动来实现决策的优化。同时，替代方案也是在环境法中贯彻风险预防原则的要求。风险预防原则强调为了避免重大环境风险，政策制定者有义务在拟定实施行动方案之前全面考虑行动的替代方案。原因在于考虑替代方案有利于寻找危害更小、更有效的办法推进环境保护，有利于通过多方案比较选择风险较小的方案，最大限度地降低风险。

另外，环境影响评价程序大部分是与计划决策程序结合运用的，并具有公众广泛参与的特点。《国家环境政策法》是美国公众参与环境影响评价制度的主要法律依据。目前，公众参与环境影响评价，并通过鼓励公众提起司法诉讼（主要是行政诉讼）来推动环境影响评价，已成为美国公众参与环境监督管理的重要途径，使得美国的环保和循环经济的发展具有广泛的公众性和社会基础。参与评价的人员包括拥有专门知识技能、享有法定职能的联邦机构和有权制定和实施环境标准的联邦和地方机构，申请人，敌对者，有利害关系的组织或个人，印第安部落等。这种很强的广泛性，不仅保证了评价的公众性，也保证了公平性，产生了广泛的社会效应。可以说，美国对公众参与环境影响评价制度的规定并非流于形式，而是真正尊重公众的意见，加之美国具有严格的同法审查制度作为保障，使得美国公众参与环境影响评价的制度不断完善。

健全的环境影响评价机制，特别是公众参与机制、替代方案机制和部门协调机制，是美国保障环境影响评价制度发挥效用的关键。这一制度保障了美国的循环经济，特别是环境保护的有效实施。

5. 责任延伸制度

美国通过法律和相关制度明确规定各利益相关方的责任，鼓励各方广泛参与循环生产与消费。其中，美国生产者责任延伸制度对企业在生产环节和消费环节的责任做了进一步明晰。生产者需要承担源头预防责任，产品环境信息披露责任和回收、处置与循环利用责任。在这一制度的安排下，生产者在产品开发及生产过程中必须尽量使用环保或再生材料，从源头上减少污染及破坏环境的可能。另外，为克服信息不对称，美国政府规定生产厂商要标明其生产的商品是再生产品还是原生产品，是绿色生态产品还是含有添加剂或施化肥产品，让消费者在知情的情况下，既考虑价格又考虑产品品位来做出理性的选择。

生产企业还要负责对产品的回收处理和再利用。除此之外，消费者付费制度要求消费者为消费过程中产生的非环保废弃物付费，以补偿企业或社会回收利用废弃物的成本。事实上，生产者责任延伸和消费者付费制度的目的在于创建对环境成本更为灵敏和健全的价格机制和责任机制，迫使生产者和消费者明确各自的"责、权、利"，从而促进循环链的形成和系统效率的提升。政府明确规定，制造商、销售商、消费者都必须承担起对产品的生产、流通、消费后的责任，确保不因某环节措施不当造成环境污染和生态破坏，形成有助于循环经济发展的激励和约束机制。

6. 排污权交易制度

美国经济学家戴尔斯于1968年最先提出了排污权交易理论，并很快被美国政府作为一项经济政策用于环境保护。过去认为，环境保护是难以通过市场来解决的，市场对于环境这样的公共产品的资源配置存在失灵问题，所以主要依靠政府行为来保护环境。而美国推出的排污权交易制度则是通过市场运作，将排污权作为一种资源，通过市场的竞争，使拥有排污权的经济主体从事环保都能有利可图，改变了过去环保行为只有社会效益、环境效益而无个体经济效益的状况，特别是在政府无法有效解决环境问题、出现政府失灵时，排污权交易制度作为一种制度创新，不失为非常重要的环保措施。

　　排污权交易指在污染物排放总量控制指标确定的前提下，利用市场机制，实行将合法的排污权（排污指标）像商品那样买入和卖出，以此来进行污染物的排放控制，从而达到减排、环保的目的。排污权交易的主要思想是确立合法的以许可证形式表现的污染物排放权利，达到控制污染物的排放的目的。这是政府以法律制度将环境使用权利与市场交易机制相结合，使政府这只"看得见的手"和市场这只"看不见的手"紧密结合来控制环境污染的一种有效手段。它也是一种制度安排，在污染物排放总量控制的前提下，为激励污染物"减排"，在环保主管部门的监督管理下，交易双方利用市场机制及环境资源的特殊性进行排污权交易，通过交易使"减排"者获利，使"多排者"增加成本，实现低成本的污染治理。这使有些企业可以采取合理措施减少污染物的排放，剩余的排污权可以卖给那些污染排放较高、治理成本较高的企业。

　　美国自 20 世纪 70 年代就开始了空气污染的治理。面对二氧化硫污染日益严重的现实，美国联邦环保局为解决企业经济发展与环境保护之间的矛盾，在实施《清洁空气法》所规定的空气质量标准时提出了实施排污权交易的计划。其从 1977 年开始先后制定了一系列政策法规，允许不同企业之间交换排污指标，这也为企业如何进行费用最小的减排提供了新的选择。而后德国、英国、澳大利亚等国家相继实行了排污权交易的实践，美国环保局又于 1982 年颁布了排污交易相关法规，并于 1986 年进行了修改。

　　美国排污交易政策及实施措施包括：第一，容量节余政策，也称净额制。1974 年美国制定了这一制度，即分配给有关企业一定总量的排污权，各个分厂可以换用或轮流使用。第二，补偿政策。美国政府于 1976 年推出这一制度，对某一行业中新加入企业提出了一定的准入条件，即新进入该行业的企业必须按规定为已有的排污企业安置一定的排污装置作为其增加排污量的补偿。第三，泡泡政策。这是由美国环境保护局于 1981 年提出的实施总量控制的政策，要求每一地区根据环境目标制定相应的污染物排放总量指标，在不超过排放总量指标的前提下，允许各污染源对排污量进行相互调剂，从而达到控制污染总量的目的。第四，排放信用存储政策，即储存排污指标。该政策允许企业对标准排放量与实际排放量之间的差额进行存储和交易。

　　芝加哥于 1979 年建立了第一个市级排污额储存交易机制，即某企业可以从"银行"中购买排污额度，但必须补偿其购买额 30% 的金额，另外还必须进行相关的环保工程的建设。例如，Wheat Land Tube Company 公司是第一个购买排污权的企业，它所买到的排污权能使自己的企业扩张 1200 万美元的规模，但它需要拿出上百万美元用于公益环境治理，即作为获得排污权的代价。

　　政府和市场治理污染的手段的不同之处在于，政府征收排污费的制度安排是一种非市场化的配额分配交易。交易的一方是制定排放标准并强制征收排污费、始终处于主动地位的政府，另一方是处于被动地位的排污企业。由于只有管制没有激励，只要不超过政府规定的排污标准，企业就不会主动进行治污和减排。而利用市场排污权交易，建立以市场配置资源为基础的制度安排，是从经济利益出发的经济激励。它对企业的激励在于排污权的售出方由于减排而使排污权剩余，然后通过出售剩余排污权获得经济回报，这实际上是市场机制对企业环保行为的奖励和补偿。买方由于增加排污权不得不付出经济代价，支出的费用实质上是对环境污染付出的代价，也是市场对其增排行为的惩罚。排污权交易制度的意义在于治污方式从政府的强制行为变为企业自觉的市场行为，不失为利用市场进行排污总量控制的有效手段，是利用市场机制进行环保，进而促进循环经济发展的有效的制度安排和创新。

第四章 循环经济理论对生态环境设计的作用探究

第一节 循环经济理论与生态环境设计的理论关系

一、循环经济是实施可持续发展战略的必然选择

循环经济，是一种完全区别于传统经济的新型经济态势。这主要体现在：第一，传统工业社会是一种由"自然资源—产品和用品—废物排放"线性流程组成的开环式经济，是一种高消耗、高排放"牧童经济"。循环经济则要求把经济活动组织成为"自然资源—产品和用品—再生资源"的闭环式流程，所有的原料和能源要能在这个不断进行的经济循环中得到最合理的利用，从而使经济活动对自然环境的影响控制在尽可能低的程度。第二，传统经济的"资源"仅指自然资源，循环经济的"资源"还包括再生资源，主张在生产和消费活动的源头控制废物产生，并进行积极的回收和再利用。第三，循环经济在带来全新的环境效益的同时，正在给人们带来巨大的经济效益。上述表明，循环经济是一种善待地球的经济发展新模式，是21世纪的经济发展趋势。

"可持续发展"是世界环境与发展会议于20世纪80年代初首先提出来的，是一种人与自然协调发展的模式。其本质特征：一是强调人类在追求生存与发展权利时，保持与自然的和谐。二是强调当代人在创造与追求今世发展与消费之时，使自己的机会与后代人的机会平等，从而保证社会、经济、环境、资源发展的可持续性。

实现循环经济，人类才能有效地保障自然资源的可持续利用。这是因为自然资源的有限性。自然资源的有限性主要表现在：第一，地球是人类赖以生存与生活的唯一家园。地球上自然资源的再生能力和资源环境自我调节及净化能力是有限的。第二，人类社会在一定时间内，由于技术、经济、社会条件的限制，所能认识和利用的自然资源是有限的。第三，地球上自然资源及生态环境已被人类利用和损害到了极限，资源危机和生态危机正困扰着人类社会的发展。随着人口的增加、经济的发展、社会的进步、人类生活水平的提高和消费需求的扩大，人类对自然资源的需求不但无法取代，

而且其需求量还在不断增加。因此在自然资源总量有限的情况下，要确保人类的生存发展，就必须实行自然资源的可持续利用战略。

近年来，面对资源和环境的压力，在实施可持续发展战略的选择上，提出具有创新意义的"生态环境设计"和"绿色产业"的理念，寻求资源的可持续利用，保护和改善生态环境，要求较多地开发使用可再生资源，尽可能地减少对非再生性资源的耗费，防止环境污染，维护生态平衡，促进企业转变经济增长方式，提高经济增长的质量和效益。

循环经济是按照生态规律利用资源和环境，实现经济活动的生态化转向，是实施可持续发展战略的必然选择。循环经济，就是把清洁生产和废弃物的综合利用融为一体的经济，本质上是一种生态经济，它要求运用生态学理论来指导人类社会的经济活动。循环经济要求以"减量化、再使用、再循环"为社会经济活动的行为准则。减量化原则要求用较少的原料和能源投入来达到既定的生产目的或消费目的，在经济活动的源头就注意节约资源和减少污染。在生产中，减量化原则常常表现为要求产品体积小型化和产品重量轻型化。此外，要求产品包装追求简单朴实而不是豪华浪费，从而达到减少废弃物排放的目的。再使用原则要求产品和包装能够以初始的形式被多次使用，而不是用过一次就了结，以抵制当今世界一次性用品的泛滥。再循环原则要求生产出来的物品在完成其使用功能后能重新变成可以利用的资源而不是无用的垃圾。很显然，通过再使用和再循环原则的实施，反过来强化减量化原则的实施。生态环境设计和绿色产业正是适应发展循环经济的战略选择。

二、实施生态环境设计是实现循环经济的基础

生态环境设计也称"绿色设计"，是指产品设计人员在构思、开发、研制产品的功效及形式上利用生态学原理和方法，使产品在选料、组合、制造过程中资源消耗少，对环境的污染少；在产品流通和使用过程中无污染或少污染；产品的使用寿命结束时，有的部件可以翻新和重复使用，有的可以安全地被处理掉，回收再利用的比率较大，同时又能较好地满足用户的要求。

企业通常采取的生态环境设计策略主要有循环设计策略、模式化设计策略及节简设计策略等。循环设计策略就是利用相关产品的最终废弃物为原料重新设计新产品的方法，其关键是产品废弃物的回收问题。模式化设计，其实就是将产品设计标准化，使产品的一部分组成可以长期使用，另一部分换新后仍可与未报废的部分配合使用。圆珠笔就是模式化设计的典型例子，笔杆可以长期使用，笔芯的设计则是标准化的。模式化设计可以延长产品的使用寿命，既节省了能源和资源，又可以减少最终废弃物。节简设计策略，顾名思义就是将节能意识纳入产品设计的理念之中，产品设计不要片面追求时尚而浪费资源。

产品生态环境设计中，必须全面考察产品的系统性以及整个系统对环境的影响，把整个产品生命周期作为主要考察对象。考虑产品链中的每一个与环境影响有关的方面：减少产品消费产生的废弃物，创新和生产更多的环境友好产品。

企业要真正实现设计生态化，还必须有生态技术作为支持。这些技术包括：信息技术、水重复利用技术、能源综合利用技术、回收和再循环技术、重复利用和替代技术，环境监测技术以及网络运输技术等。

生态环境设计结束后，进行绿色生产。绿色生产也称清洁生产。企业实行清洁生产，不仅能生产绿色产品，还会获得其他方面的收益。

三、发展绿色产业是实现循环经济的重点

绿色产业是积极采用清洁生产技术，采用无害或低害新工艺、新技术，大大降低原材料和能源消耗，实现少投入、高产出、低污染，尽可能地把对环境污染物的排放消除在生产过程之中的产业。绿色产业注重新材料、新能源、新设备，淘汰和杜绝耗能、耗水，资源利用率低，污染严重的工艺设备和产品，走出一条节能、节水、高效、高附加值的绿色工业产业发展的新路子。

绿色产业的一个经济发展的闪光点是绿色食品业。绿色食品业的生产是农业和食品加工业的"清洁生产"。绿色食品在生产过程中仅允许使用天然物质，其结果：一是绿色食品在生产和加工过程中不允许施用化肥和农药，可以促进农村生态环境的保护。二是防止食品污染，确保食品安全。三是可以生产出营养丰富、口味鲜美的食品以满足人们追求优质生活的需求。寻求绿色食品业的发展，从国际上看，目前全球农业发展的模式大致可以分为三种类型：第一种是常规农业，这一模式追求的主要是经济目标；第二种是有机农业，这一模式主要追求的是生态目标；第三种是有限地使用化学合成物的可持续农业，这一模式追求的是经济效益和生态效益的双重目标。我国的绿色食品兼顾了持续农业和有机农业的特点，更具有发展的空间和成长性。

第二节　循环经济理论对生态环境设计的作用分析

一、循环经济理念在生态环境设计中应用的重要意义

循环经济理念要求按照生态规律组织整个生产、消费和废物处理过程。生态环境设计的目的是在保护环境、促进经济发展的过程中充分提高资源的利用率、实现良性循环，增进人与自然的和谐统一。

循环经济理念只有运用和体现到生态环境设计之中，才能在生态保护设计过程中走出一条科技含量高、经济效益好、资源消耗低、环境污染少、人力资源优势得到充分发挥的可持续发展道路。

1.循环经济理念运用到生态环境设计之中，可以充分提高资源和能源的利用效率，最大限度地减少废物排放，保护生态环境。传统经济发展模式是由"资源—产品—污染排放"所构成的单向物质流动的经济。在这种经济中，人们最大限度地将自然资源和能源开采出来，在生产加工和消费过程中又把污染物和废物大量地排放到环境中去，对资源的利用常常是粗放的和一次性的。这与可持续发展和生态环境保护的要求是相违背的。为了搞好生态环境保护工作，促进经济的可持续发展，按照循环经济理念的要求，在生产和消费系统中引入生态保护环节，使工农业生产、消费系统中产生的废弃物和污染物，作为所引入的生态环节的资源加以再利用，实现物质的良性循环，提高资源的利用效率，减少资源的投入量和污染物的排放量，切实有效地保护生态环境。

2.将循环经济理念运用到生态环境设计中，能够实现社会、环境、经济的共赢。传统经济发展模式通过把资源持续不断地变成废物来实现经济增长，忽视了经济结构内部各产业之间的有机联系和共生关系，忽视了社会经济系统与自然生态系统之间的物质、能量和信息传递、迁移、循环等规律，形成高开采、高能耗、高排放、低利用"三高一低"的线性经济发展模式，导致许多自然资源的短缺与枯竭，产生严重的环境污染，给社会、经济、环境造成重大损害。将循环经济理念应用到对生产和消费系统的生态环境设计中，以协调人与自然的关系为准则，模拟自然生态系统运行方式和规律，引入生态保护环节，实现资源的可持续利用，使社会生产从数量型物质增长，转变为质量型的服务增长。通过生态环境设计，拉长生态产业链条。推动环保产业和其他新型产业的发展，增加就业机会，促进社会的可持续发展。例如，德国在发展循环经济方面，始终走在世界前列。早在2000年德国废物循环利用率已为50%，废物回收利用年产值约400亿欧元，就业人数24万，成为德国经济新的增长点和扩大就业的新动力。

3.循环经济理念在生态环境设计中的应用，可以在不同层面将生产和消费纳入可持续发展的框架中。传统经济发展模式将物质生产和消费割裂开来，形成大量生产、大量消费和大量废弃的恶性循环。目前，循环经济理念在生态环境设计中的应用实践已在三个层面上将生产（包括资源消耗）和消费（包括废物排放）这两个环节有机地联系起来：一是企业内部的清洁生产和资源循环利用；二是共生企业间或产业间的生态工业网络；三是区域和整个社会的废物回收和再利用体系。

循环经济理念在生态环境设计中的应用，就是用新的思路去调整产业结构，用新的机制激励企业和社会追求可持续发展的新模式。通过生态环境设计，在传统经济发展模式线性技术范式的基础上，增加反馈机制。在微观上，要求生产、消费系统纵向延长产业链条，从生产产品延伸到废旧产品回收处理和再生；横向体系拓宽，将生产过程中产生的废弃物进行回收利用和处理。在宏观层次上要求整个社会技术体系实现网络化，使资源跨产业循环利用。在提高物质循环利用率的同时，减少资源的消耗量和污染物的排放量，促进经济效益、社会效益、环境效益全面、协调、可持续发展。

二、循环经济理念在生态环境设计中所遵循的原则

（一）因地制宜、因势利导的原则

物质条件是生态环境设计的基础和依据。在生态环境设计过程中依据物质条件本身的特性，结合现有的经济、技术条件，提出合理的再利用途径促进物质的良性循环。遵循因地制宜、因势利导的原则是循环经济理念在生态环境设计中的必然要求。在生态环境保护的设计过程中，紧密结合系统内部各要素的实际，促进各要素和子系统之间协调发展，使资源以及生产过程中的各种副产品和废弃物得到多层次、多途径的合理利用，最终提高资源的利用效率。

（二）减量化原则

减量化原则要求消耗较少的原料和能源达到发展经济的目的。从环境保护的角度来看，实施减量化原则是从源头上预防和减少环境污染与破坏，通过以较少的投入获得同样或者更多的产出，可以避免对资源特别是不可更新资源的开采利用，从而减轻和防止环境破坏。通过以较少的废弃物排放来获得同样的产品，减少环境污染。

（三）再使用原则

再使用原则要求产品和包装容器能够以初始形式被多次使用，而非一次性用品。再使用原则是循环经济理念的必然选择，是生态环境设计的方向所在。对生产、消费系统的生态环境设计，使生产、消费系统中的产品、副产品等延长使用时间，减缓产品转化为废弃物的速度，降低消费过程中对该类产品的消耗量。从而减少因消耗而带来的资源和能源等的重复投入，达到保护生态环境、促进经济可持续发展的目的。

（四）再循环原则

再循环原则要求生产出来的物品经过消费（生产性消费和生活性消费）后，能重新转化为可利用的资源和能源而不是垃圾废物。再循环原则是生态环境设计过程中对物质循环的必然要求，是生态环境保护设计优化的最终体现。在对生产、消费系统的生态环境进行设计的过程中，再循环原则使生产和消费过程中产生的废弃物转化为另一个生产系统的资源，生产出可再生的产品。即形成"资源—产品—再生资源—再生产品"的闭环循环的生产模式，提高资源的利用率，从而达到以尽可能小的投入生产尽可能多的产品的目的。在减少环境污染的同时，拉长产业链条，推动相关产业和生态环境的良性发展。

第三节 循环经济的法律制度框架解析

一、循环经济法律制度的历史沿革

20世纪90年代之后，发展循环经济成为国际社会的一大趋势。发达国家把发展循环经济、建立循环型社会看作是实施可持续发展战略的重要途径和实现方式。可以说在发达国家，以立法的方式推进循环经济已经成为一股潮流和趋势。从世界各国的实践来看，德国、日本和美国较具有代表性。

德国于1994年9月公布《循环经济和废物清除法》，成为循环经济理念诞生后人类的第一部立法，对人类社会的经济发展和环境保护均具有划时代意义。随后，德国又于1996年颁布实施《循环经济与废物管理法》，规定对废物问题的优先顺序为避免产生—循环使用—最终处置，从而使循环经济的立法理念得到全面的贯彻。

2000年日本召开了一届"环保国会"，通过和修改了多项环保法规，对不同行业的废弃物处理和资源再生利用等做了具体规定，如《推进形成循环型社会基本法》《食品回收法》《建筑及材料回收法》《绿色采购法》。特别是第一项"基本法"具有重要意义，因为它从立法上确定了21世纪经济和社会发展的方向，提出了建立循环型经济社会的根本原则，从而使日本在环保技术和产业上迈入新的发展阶段。2000年也成为日本建设循环型经济社会史上关键的一年。

美国虽然于1976年通过了《资源保护回收法》，1990年通过了《污染预防法》，提出用污染预防政策补充和取代以末端治理为主的污染控制政策，但目前还没有一部全国性的循环经济或再生利用立法。但自80年代中期以来，俄勒冈、新泽西、罗德岛等州先后制定了促进资源再生循环法规，现在已有半数以上的州制定了不同形式的资源再生循环法规。所以，不难看出，虽然美国在循环经济的立法模式不同于德日两国，但其实质是一致的。

我国与循环经济相关的立法活动的历史远不如西方发达国家悠久。虽然在1973年第一次全国环境保护会议上，国家计划委员会拟定的《关于保护和改善环境的若干规定》中即提出了努力改革生产工艺，不产生或少产生废气、废水、废渣，消除跑、冒、滴、漏。提出了"预防为主、防治结合"的防治工业污染的方针。在20世纪80年代初，又明确提出，技术改造是消除"三废"的根本途径，要通过技术改造把"三废"的产生量降到最低。1983年，国务院颁布《关于结合技术改造防治工业污染的决定》，决定把"三废"治理、综合利用和技术改造有机结合起来，并采用能够使资源、能源最

大限度地转化为产品，污染物排放少的工艺替代污染物排放量大的工艺；采用无污染、少污染、低噪声、节约资源、能源的新设备，替代那些严重污染环境，浪费资源、能源的设备；采用无毒、无害、低毒、低害原料替代有毒、有害原料；采用合理的产品结构，发展对环境无污染、少污染的产品，并搞好产品的设计，使其达到环境保护的要求。而近几年来，我国又颁布了包括《固体废物污染环境防治法》《大气污染防治法》《水污染防治法》《清洁生产促进法》《建设项目环境保护管理条例》在内的一系列法律法规以及《关于环境保护若干问题的决定》等环境政策，明确规定：国家鼓励、支持采用能耗物耗小，污染物排放量少的清洁生产工艺。但这些立法还仅仅是循环经济立法的初级阶段，循环经济的理念并没有全面、深入地得以体现。因此，循环经济法律制度在我国还有待完善。

二、循环经济法律制度的法理分析

（一）以立法形式规范循环经济的必要性

人类的生存与发展既受制于环境也深刻地影响着环境。环境的污染和破坏，已发展成为威胁人类生存和发展的世界性的重大问题，引起了国际社会的普遍关注。从20世纪90年代倡导可持续发展战略以来，发达国家把发展循环经济、建立循环型社会看作是实施可持续发展战略的重要途径。在新战略指导下，环境保护立法产生新理念，从单纯的防治环境污染和其他公害、以保护和改善生活环境和生态环境，转变为在以人为中心的"自然—经济—社会"复合系统的协调发展基础上的循环经济活动模式，即以可持续的方式使用资源，提高效益，节约能源，减少废物，改善传统的生产和消费模式，控制环境污染和改善环境质量，使经济的发展保持在地球的承载能力之内。在发达国家，循环经济已经成为整个社会经济发展的一股不可阻挡的潮流和趋势，许多国家纷纷以立法的方式加以推进。

那么，为什么必须以立法的形式来保障循环经济的发展呢？

首先，循环经济可以说是一种制度经济，其发展模式是对传统经济的规范和约束，要靠一系列制度、规则来规范、实施和保障。从长远来看，循环经济是经济利益与环境利益双赢的经济发展模式，但由于环境的"公共物品"性质，无法通过市场自发地实现循环经济。换句话说，环境问题的解决只有以法律政策作为支撑体系，使其上升为国家意志，才能得到具有强制性的全面实行。因此，自从循环经济发展理念提出以来，各国无不以法律保障、经济刺激等多种方式，制定相关法律法规、经济政策，逐步促使循环经济由最初的强制性推行演化成为市场主体的自觉选择。

其次，循环经济的实施具有高度的综合性，它必须涵盖工业、农业和消费等各类社会活动，并需要大量现代科技的有力支撑，如清洁生产技术、信息技术、能源综合利用技术、回收和再循环技术、环境监测技术等。而这些现代科技活动的普遍化、复杂化就要求它就是一种高度组织化、规则化和程序化的活动，是排除更多偶然性、任意性和专断性的活动。无疑，环境政策与相关立法是政府保障循环经济较快发展的最有效手段。通过立法设置一系列制度运作程序，可以有效地建立循环经济科技管理体制和科技运行机制，组织、协调和管理这些科技活动，使科技成果得到合理的使用和推广，使整个循环经济的发展做到有法可依、有章可循。

最后，在依法治国的当今中国，以法律形式对循环经济加以肯定和规范还具有巨大的现实意义。中国经济增长，在很大程度上依靠环境资源的高消耗。相关资料显示，中国建筑能耗高于发达国家2~3倍，其中，水泥的能耗高于世界先进水平50%之多。城市扩张严重威胁着有限的土地资源，高消耗的发展模式使中国本来紧张的资源形势日趋严峻。转变经济增长方式已成当务之急。在这样的历史背景之下，加强循环经济立法，同时出台税收、信贷等方面优惠政策可以将国家发展循环经济的战略法定化、具体化、细则化和程序化，从而确定循环经济发展的合理布局，人、财、物的合理分配，使有限的国家资源达到最大限度的合理利用。此外，随着全球环境保护的不断加强，许多国家正在转向以苛刻的环保技术标准来构筑新的贸易壁垒，即绿色贸易壁垒。WTO的《贸易技术壁垒协定》和《卫生与植物检疫协定》也要求各国在制定国内法规时以国际标准为基础，从而使这些标准具备很强的约束力。我国的产品要在国际贸易中生存，就必须符合这些规则的规定，而通过循环经济立法使这些国际规则国内化无疑是最便捷有效的方法。

总之，依靠法律机制来发展循环经济是理性的制度选择。法律具有强制性特点，国家可以通过循环经济相关法律的制定，使之取得社会一体遵守的效力，从而保障和推进循环经济的顺利发展。此外，环保行政手段、经济手段、科学技术手段等，又都规定在法律中，是法律手段的体现，并以法律手段做保障。通过立法，还可以以政府行为开展循环经济的宣传教育，迅速提高社会各界对循环经济的认识，提高企业自觉实施清洁生产的积极性与能力，提高政府及其各部门为企业转型提供服务与支持的效能，最终实现环境效益与经济和社会效益的统一。循环经济的法制建设作为培养公民的道德意识和法律意识的重要一环，对一个良性市场体系的运作至关重要。笔者认为，在大力推进依法治国，建设"社会主义法治国家"的今天，应尽快将循环经济纳入法制轨道，通过循环经济立法构建制度性框架，通过发挥法律的规范、惩戒、指引作用来培养人们长久的环境道德意识与法律意识。

（二）循环经济立法的目的

循环经济立法的目的，是指立法者通过循环经济立法所表达的、为实现经济利益和保护生物圈的共同利益的思想和需求。它是立法者依靠循环经济基础立法来实现的一种伦理道德上所应有的基本价值，是循环经济立法的根本使命。

受环境科学尤其是生态学和环境经济学思想的影响，人们开始对人类发展经济的传统方式感到不安，空气和水污染严重、森林急剧减少、濒临灭绝的生物品种越来越多，臭氧层破坏和温室效应等全球环境问题层出不穷，长此以往，人类也将无经济利益可言。因此，"节约资源、保护环境、实现可持续发展"理所当然成为循环经济立法的目的。

值得注意的是，在不同层次，"可持续发展"具有不同的意义。在国内，应当摒弃以"末端控制"为主的环境管理，强调"全过程管理"，从产品的原材料直到制造、运输、销售和废弃都实行环境控制，整个经济和发展政策都必须受到环境保护压力的影响。在对外关系上，开展"环境外交"，采取诸如引进环境技术、资金或贷款援助、吸引相关直接投资等方式来解决我国的环境问题。同时应积极利用"绿色壁垒"，一方面，设立我国的"绿色壁垒"，防止发达国家向我国转嫁环境污染，保护中国幼稚的环保产业；另一方面，要充分利用发达国家的"绿色壁垒"来促使我国产品向绿色化方向发展，逐步降低和消除"绿色壁垒"对我国出口产品的不利影响。

另外，可持续发展的中心环节是"发展"。中国是发展中国家，以现阶段巨大的经济投入发展循环经济不符合中国经济发展的实际，而且会伤害中国经济，造成发展的停滞不前甚至落后，只有植根于中国现实的环境保护理念和经济发展状况，才能确定符合中国现实国情的循环经济立法目的。

（三）循环经济法律制度调整的法律关系

循环经济法律关系是指循环经济法主体之间，在利用、保护和改善环境与资源、促进循环经济发展的活动中形成的由循环经济相关立法所确认和调整的具有权利义务内容的社会关系。同其他法律关系一样，循环经济法律关系的产生首先要以现行的循环经济法律规范的存在为前提，没有相应的法律规定，就不会产生相应的法律关系。同时，还要有法律规范适用的条件即法律事实的出现。由于循环经济的立法规范由民事法律规范结合行政、刑事等不同的法律规范组合而成，因此，循环经济法律关系是一个复杂的综合体。

循环经济法律关系的主体包括国家机关、社会组织和公民个人，依据职能的不同，大致可分为管理主体和受制主体两类：管理主体是依法代表国家对循环经济活动进行调控和管理的公法人或者依法取得授权的组织；受制主体是在经济和社会中接受国家调控和管理的企业（包括独资、合伙以及公司等多种法律形式）、社会团体和公民。循环经济主体之间的关系主要为民事法律关系，包括生产者、销售者、消费者，即产品制造者、占有者以及废物处理承担者之间的权利义务关系。循环经济法律关系的主体之间的关系也涉及行政法律关系，既包括政府通过奖励等手段对循环经济进行间接管制，也包括其对法定义务和特定行为的直接管制。作为公法人，政府也是循环经济法律关系的主体，享有法律规定的权利，同时也必须承担诸如模范地遵守循环经济立法、严格执法等义务。此外，当循环经济法律关系的主体的行为触犯刑法时，循环经济主体之间的关系还可能涉及刑事法律关系。

循环经济法律关系的客体是指循环经济法律关系主体的权利和义务所指向的对象，主要包括两类：一是人类直接或间接影响和控制的、具有环境功能的一切环境资源（物），需要强调的是，其中还应包括传统意义上的"废物"。二是人类根据可持续发展的要求，在实行循环经济的过程中，通过清洁生产的方式，在生产、流通、消费等各个环节中的行为，常常表现为可以从事一定的行为，或者不得从事一定的行为。

循环经济法律关系的内容是循环经济法律关系的主体依法所享有的权利和所承担的义务。循环经济法律关系的主体依法享有权利，同时也必须履行义务；不同的主体享有不同的权利，也应当履行相应的义务。循环经济立法发展的最新趋势之一就是生产者责任的延伸，这就意味着生产者将依法承担更多的义务。根据"生产者责任延伸"原则，生产者不仅承担生产合格、环保的产品以及在生产过程中履行对环境的保护义务，还要对产品在整个生命周期内的环境影响负责，即尽量减少甚至完全禁止有毒有害物质的使用，承担起解决产品废弃后对环境和人体健康产生危害的责任以及按照再商品化标准对某些废旧产品实施再商品化的义务等。比如，在欧洲，2001年6月通过并于2003年2月13日生效的《废弃电器电子产品管理指令》（WEEE）规定生产者有从消费者那里回收被废弃的产品并重新循环利用的责任。根据该指令，每个生产者都负有回收和无害处理自己产品的经济责任。生产者可以单独履行这一责任，也可以加入一个集体组织共同履行责任。此外，根据"谁废弃，谁付费"原则，消费者作为废弃物的丢弃者和环境污染者，必须承担其废弃产品的处置责任，缴纳处置费用。

（四）其他相关法理

循环经济法作为专门的立法，其定位问题一直是不少学者争论的焦点。究竟将其定位为经济法，还是行政法或者环境法呢？因为如果定位不同，那么其规定的重点就大不相同。笔者认为，循环经济立法不同于一般意义上的环境保护法，也不同于一般意义上的经济法和行政法，其应该是以可持续发展和环境保护为主，兼具经济法、行政法和环境法的内容和特征的法律。当然，它作为一个与三者均有交叉，但又有所不同的专门立法，应当具有自己的原则和特点：

首先，循环经济立法应当以市场为导向，考虑产业投资循环节奏，即投资—经营—回报—积累—再投资，多阶段加以推进，立法和政策都应该是导向性的，同时避免一味地要求企业迅速应用高标准的环保技术，甚至不顾及其应用成本。这样的立法只可能使企业将精力集中在如何规避这些法规上，而不是如何创新与变革现有的技术。

其次，循环经济立法应注重技术标准而不是具体技术。政府在制定适应循环经济要求的法规政策时，应当注重规定最终产品的指标含量，以及在生产过程中所排放的废弃物的指标含量，而不是直接规定企业必须使用某种具体的节能环保技术。换言之，应以政府的间接管制为原则，只有这样，才能使不同的企业发挥自身优势，各展所长，创造出一个广阔的技术创新平台。否则，就容易限制企业多路径的创造力。另外，立法还应注意调节发展循环经济过程中所产生的各种利益关系，使其达到一种平衡协调的状态。

最后，整合协调现有的法规政策。在划分标准上，应该以技术性质作为标准。这是因为，实现循环经济的最重要环节是变革许多现行的生产技术和经营技术，而行业之间的技术影响往往不是垂直而是交叉扩散的。所以，只有以技术性质作为主要划分标准来制定鼓励技术创新的法规政策，才能有效地推动循环经济发展。

三、我国循环经济法律制度现状分析

（一）循环经济法律制度在我国的发展情况

我国自 1979 年以来，在环境资源保护立法方面虽然已由全国人大制定了 19 部法律，由国务院颁布了 30 余部行政法规，由国家环保总局等制定了 70 余件部门规章，由地方政府制定了 900 余件法规和规章，同时还有 400 余个全国性的环保技术标准，但笔者认为，其中并未真正确立发展循环经济和建立循环型社会的思想。最多也只是在法律的个别条文提到应对资源提高利用率，附带地起到了促进循环经济发展的效果。比如，《中华人民共和国环境保护法》第 25 条规定："新建工业企业和现有工业企业的技术改造，应当采用资源利用率高、污染物排放量少的设备和工艺，采用经济合理的废弃物综合利用技术和污染物处理技术。"从整体上来看，循环经济在综合环境基本法层面上目前还没有规定。在专项法层面上，目前的环境立法内容庞杂，主要包括《中华人民共和国矿产资源法》（1986 年制定，1996 年修正）《中华人民共和国水土保持法》（1991 年）、《中华人民共和国固体废物污染环境防治法》（1995 年）、《中华人民共和国环境噪声污染防治法》（1997 年）、《中华人民共和国节约能源法》（1998 年）、《中华人民共和国海洋环境保护法》（2000 年）《中华人民共和国水污染防治法实施细则》（2000 年）、《中华人民共和国大气污染防治法》（2000 年）《中华人民共和国环境影响评价法》（2002 年）《中华人民共和国水法》（2002 年）《中华人民共和国清洁生产促进法》（2002 年）、《中华人民共和国草原法》（2002 年）《中华人民共和国放射性污染防治法》（2003 年）、《中华人民共和国防沙治沙法》（2003 年）等。

笔者注意到这些专项立法基本也未采取循环经济立法理念，仍然是污染防治型的立法。其中，2002 年第九届全国人大常委会第二十八次会议通过的《中华人民共和国清洁生产促进法》促使各级政府、有关部门、生产和服务企业积极推行和实施清洁生产，使国民经济朝着循环经济的方向转变，但该法离循环经济的立法要求还有很大的差距。清洁生产只是循环经济的一个初级阶段，其立法目的在于把末端防治转变为源头防治，着眼于生产领域，而循环经济则是整个社会经济活动的循环过程，解决的是资源环境与经济发展的根本矛盾。循环经济模式把环境与资源看作经济发展的内生要素，而在清洁生产方式下，资源环境仍然是在经济发展之外考虑。循环经济立法模式下需要国家、地方政府、企业和公众的全部参与，而清洁生产主要还是定位在企业层面。因此，笔者认为，尽管我国的《中华人民共和国清洁生产促进法》采纳了循环经济的部分理念，但该法还不能完全被视为循环经济立法。另外，地方立法层面上，我国第一部循环经济地方立法是2004年11月施行的《贵阳市建设循环经济城市条例》。此外，辽宁省于2002年出台了《辽宁省发展循环经济试点方案》，重庆等地的循环经济立法也在抓紧制定之中。

总之，我国虽然已先后制定了一些与循环经济有关的鼓励清洁生产、资源综合利用及环境污染防治等方面的法律法规、政策措施，颁布了《固体废物污染防治法》《清洁生产促进法》等法律法规，一些城市也已经制定了与循环经济有关的地方法规，对环境资源保护和循环经济的推动起到了积极的作用。但是，我国循环经济发展尚处于一个由理念倡导向试验示范机制全面推进的重要转折时期，循环经济全面立法还基本处于探索阶段，或者说是萌芽阶段，法律、法规对循环经济的规定是不全面、不系统的，甚至可以说是不科学、缺乏操作性的。而缺少全国性的循环经济立法作为支撑已成为中国发展循环经济的最大问题。因此，笔者认为，我国循环经济立法是必要的、迫切的，且任重而道远。

（二）循环经济法律制度在我国的发展困境

1.循环经济理念尚待普及，政府管理机关观念滞后

正如前文所述，循环经济的本质是一种生态经济，也可以说它就是一种全新的发展理念和价值取向，即以资源的高效、循环利用为核心，以"减量化、再利用、再循环"为原则，以"低消耗、低排放、高效率"为基本特征，倡导的是一种与环境和谐的经济发展模式，是一个"资源—产品—再生资源"的闭环反馈式循环过程。它相对于传统经济而言，是对传统经济模式的根本变革。然而近年来，"循环经济"这个新名词，虽然被各级政府所普遍接受，甚至可以说大受欢迎，也成为各高级领导讲话发言中出现频率较高的名词，循环经济立法也列入了全国人大立法计划，成为国家经济、政治生活的重要组成部分，但循环经济和循环经济立法究竟是什么，它们与传统的保护环境的措施有何区别，与清洁生产区别在哪里，其具体实施需要哪些条件与保障，可以说，不少经常把"循环经济"与"循环经济立法"挂在嘴边的官员们并不十分了解，他们也并未充分认识到发展循环经济的重要性和紧迫性。换句话说，我们普及的是"循

环经济"的说法，而不是循环经济的理念。另外，由于环境与资源的对象和范围较广、涉及传统政府部门利益较深，政府在实施管理行为的时候，往往首先考虑是地方利益、部门利益或者说是小团体利益，侥幸心理和事后如果出现状况再"治理"的心态仍十分严重。换言之，还局限于"污染治理"的思维模式上，而具有显著的滞后色彩，仍然是打着保护环境的旗帜，奉行唯 GDP 至上的发展观。另外，很多时候都是上头热、底下冷，中央政府在倡导，少数部委积极推动，地方官员对发展循环经济的重要性与紧迫性却并未达成共识。较为悲观的数据表明，我国环境保护方面的法律法规在制定后，能执行的，或者说执行效果好的并不多，所以说，想仅靠一部法律就把循环经济这个全新的政策性的理念迅速贯彻到各个部门的工作当中去，是根本不切实际的。所以，为了保障循环经济的相关政策法规能够得到真正的贯彻实施，积极倡导循环经济的理念，而非概念，树立全面、协调、可持续的科学发展观，将"科学的政绩观"融入各级地方政府官员的实际行动之中，并深化我国干部考核指标制度的改革，更具有重大的现实与战略意义。当然，在广大社会公众中，参与循环经济的意识也有待增强，当前公众和企业的对循环经济的概念、必要性和迫切性了解不深，资源意识、节约意识和责任意识都较差，这些都将直接影响循环经济法律制度在我国的发展。

2. 循环经济的发展状况极不平衡制约着统一立法

循环经济在我国已被作为经济转型的重要举措，同时在东西部省市全面展开，然而东西部的发展水平有着较大的差距，以至于在西部推行循环经济不得不是跨越式进程。西部地区为缩小地区差异，往往对东部沿海企业的"西进东迁"持欢迎态度，而大多数西迁的沿海企业主要以劳动密集型和污染较重的企业为主，这些企业进驻对循环经济的发展提出了巨大挑战。以重庆为例，在其三大经济圈中（都市发达经济圈、渝西走廊经济圈和三峡库生态发展经济圈），地区经济发展不平衡的现象非常严重，差距十分明显，这使得在该地区推进统一标准的循环经济政策法规成为一大难题。从全国范围来看，东西部地区开展循环经济的起点完全不同，技术和资金的支持力度相距甚远，社会公众和企业的意识水平也相差很大，这使得要在全国范围内统一制定循环经济的法律法规，并不脱离实践和打乱各地区经济的发展节奏，面临着空前的困难。

3. 循环经济发展尚不成熟，制约法律先行

我国在发展循环经济方面虽然已具有一定的基础，但与发达国家相比，还有很大的差距，依然十分缺乏符合国情的循环技术支撑体系。

发展循环经济需要资源综合利用、产品的反复使用、报废产品的再生利用等技术的支撑，更关键的是需要这些技术突破之后的低成本。但是我国目前开采技术、环保产品技术、节能技术和资源综合利用技术装备水平均不高；在大型燃煤电厂烟气脱硫、城市垃圾资源化、城市生活污水处理和高浓度有机废水治理等重要领域的一些关键产品还没有拥有自主知识产权的技术，更谈不上低成本化的问题。然而，我们所推动的

循环经济立法与其他立法相比，更需要紧密结合一定技术标准，更需要配合循环经济的发展节奏，更需要做出强有力的系统的规定，而不是点到为止。因此，如何解决技术和成本障碍，避免立法、政策成为脱离实际的"乌托邦"；如何实现在循环经济发展还相当不成熟的时候科学立法，不过于超前，也不明显滞后；如何构建资源再利用和生产环节的赢利模式，使市场条件下循环型生产环节有利可图，使企业做到自觉"循环起来"，而不是想方设法予以规避，自然成为我国循环经济立法的最大挑战。

四、我国循环经济法律制度体系构建的研究

（一）我国循环经济立法的先决问题

科学的立法不但需要明确的建设目标，更需要正确的指导思想。我们必须明确，循环经济的发展模式并不简单地意味着资源的回收和再利用。从深层次上来看，它强调的是既能满足人民群众不断发展的物质和精神文明需求，又能控制资源的消费，满足人们不断增长的生态和生活环境需求，最终建立环境负荷小、能实现可持续发展的文明社会。这就需要我们把我国循环经济法制建设的目标定位为保护自然资源，促进循环废物管理利用，进而建立一个资源节约的循环型社会。

此外，循环经济立法必须注意以下三个问题：一是在注重法律制度体系的整体性的同时注重法律制度的衔接性和系统性，充分发挥科教支持、行政引导、市场推进和经济刺激的作用。二是要注重制度的公平性、效率性和平衡性，既要平衡考虑各方面的要求和利益，又要保证资源、收益、义务和责任分配的公平，提高行政执法和循环经济增长的效率。三是注重法律制度的前瞻性和可操作性。换言之，立法要坚持从实际出发，既要突出重点，又要兼顾一般。我国地区差异大，市场经济的发展水平参差不齐。因此我国循环经济立法不能一刀切，必须是循序渐进、因地制宜的。各地区立法更要结合自身的资源存量、环境状况等特点进行。比如，在借鉴德国的规模化资源再用和再生利用机制时，既要考虑科技的劳动替代和高效作用，又要考虑劳动力众多就业压力大的实际情况。

（二）我国循环经济的立法模式

我国已初步形成了环境资源保护法律体系，但这些法律法规大多关注经济利益甚于环境利益，不能满足循环经济发展的需要，因此，必须以可持续发展为指导，建立新的循环经济立法模式。

1.选择循环经济立法模式的出发点

我国的循环经济立法无疑需要借鉴其他国家成功的经验，但应采用何种立法模式则需综合分析，慎重选择。笔者认为，选择循环经济立法模式至少应当立足于以下两点：

第一，立法模式的选择必须立足于我国国情。正如本文第三部分所做的分析，现

阶段，循环经济的理念还停留在概念阶段，远未深入人心；循环经济的实践还处于摸索阶段，没有形成一定规模；无论在单个的企业层次，还是企业群落层次和国民经济层次，循环经济的发展都还刚刚起步，甚至可以说困难重重。其相关的配套制度建设也存在很多空白。因此，我国进入循环经济社会还有相当长的距离。要求所有的企业、单位和个人严格遵守循环经济的要求并承担相应的法律责任，这是难以实现的。

第二，立法模式的选择必须与我国现有环境立法结构相衔接。我国国家级环境立法的结构分为宪法性规定、环境基本法的规定、综合性的环境法律、专门性的环境法律、环境行政法规、环境部门行政规章，地方级环境立法主要包括地方性法规、行政规章，在民族自治地方还有自治条例和单行条例。由于我国具有自己的法律体系结构和环境立法传统，因此，国外循环经济立法模式不能照搬，只能定向地借鉴和吸收一些具体的立法框架或法律制度。另外，我国现有环境方面的立法可以满足循环经济的部分需求，为保持立法的稳定性，不宜一步全部推倒重来，而是应当在尽量利用已有的法律制度的基础上逐步进行改革。

综上所述，笔者认为，无论是我国循环经济的发展现状，还是已有的法律结构体系都决定了我国循环经济立法只有采取与德、日相类似的金字塔模式才是符合国情的，即以基本法为塔尖，以综合性立法为塔身，具体的单项法律法规为塔基；国家立法与地方立法相结合，以国家立法促进地方立法，用地方立法补充国家立法，使统一性和创新性、整体性和区域性达到一个良好的平衡，逐步构建有中国特色的循环经济法律制度体系。

2. 采取从基本立法和单向立法到综合立法的立法模式

正如前段论述的，我国循环经济立法宜采取金字塔模式。然而金字塔的构建顺序如何？是简单的由上至下或由下至上？还是采取其他方式？笔者认为，立法不应脱离当前的国情，而循环经济在我国的发展水平决定了循环经济的立法宜采取由两头到中间的模式，即先构建塔尖和塔基，再构建塔身；先立基本法和单项法律法规，后综合性立法，分阶段逐步进行。

第一，为什么要在第一步制定基本法呢？笔者认为，基本法的作用主要表现为其既可宣示国家推行循环经济的基本政策，又对其他具体法律法规的制定和实施具有一定的指导意义。通过循环经济基本法的制定，除了阐明该法的适用范围和目的之外，还阐明了国家对循环经济这种全新的发展理念的基本认识，宣告建立循环经济社会的基本计划，明确国家、各级政府、企业和公众的责任。其中，国家推行循环经济的基本政策是非常重要的，它不仅对国家循环经济法制建设指明了方向，还为循环经济法基本原则的确立和主要制度设计提供了指导方针。因此，首先制定循环经济的基本法对于构建一个完整、有序、和谐的法律体系具有十分重要的意义。

第二，我国制定综合性循环经济法的条件尚不成熟。我国的现实国情是循环经济尚处起步阶段，发展水平还很低，对循环经济的法学研究也相当肤浅，缺少综合性立法的现实基础和理论水平。因此，现阶段进行循环经济综合立法，必须在很大程度上借鉴德、日、美等国的经验，内容一般只能停留在提倡、鼓励阶段，可操作性弱，实施的可能性小。

第三，相对而言，我国进行部分循环经济单项立法的条件较为成熟。比如，目前我国已实施的《清洁生产法》，它是循环经济立法的一个重要环节。我们应大力贯彻并积极发展循环经济各个环节的立法，最后形成综合性立法。另外，循环经济立法应当首先选择有实施条件的环节进行，然后逐步推广到所有的环节。笔者认为，循环经济立法的下一个环节应是针对包装废弃物方面。实际上，根据德国的经验，循环经济的理论首先适用的是包装领域，进而推广到其他行业和环节。笔者相信，通过包装法等专门法律法规的制定，可以为原则性的循环经济综合立法提供借鉴和经验。

当然，从发达国家对循环经济法律调控的经验来看，循环经济单项立法会逐步为综合性立法所吸收。单项立法的目标是控制我国的各种环境问题，逐步发展循环经济，并为将来制定完备的综合性《循环经济法》提供经验。因此，单项立法可以说是过渡性的法律，随着我国社会、经济的发展，可以为《循环经济法》所吸收或替代。总之，采用由基本法和单项立法到综合性立法，先两头后中间的分阶段立法方式是符合我国国情的现实选择。

（三）我国循环经济法律制度的完善

1.完善循环经济法律体系

要推动循环经济的发展，就必须首先使循环经济产业有利可图、有机可乘、有章可循。而其根本保证就是循环经济法律制度的建立和完善。借鉴德国、日本、美国等国的立法经验，笔者认为，循环经济法律体系的建立除了应当在我国宪法中加入"国家推行可持续发展战略，实施清洁生产和发展循环经济"的内容外，还必须要包括以下四个方面：一是纲领性的循环经济法律，即制定循环经济基本法；二是制定类似于日本《促进资源有效利用法》等综合性立法；三是要结合实际需要制定专门的循环经济法律、法规；四是要对已有的循环经济法律法规进行修改，在其他法律法规中（如《政府采购法》）纳入与循环经济配套或促进循环经济发展的规定。

2.建立有利于循环经济发展的政策体系

发展循环经济，要以科学发展观为指导，在完善的市场经济基础上，营造有利于循环经济发展的政策环境与法制环境。换言之，通过完善政策法规，对循环经济加以规范，以法律制度的方式引导全社会树立节约能源、资源，保护环境的意识，加快转变经济增长方式，将循环经济的理念贯穿到方方面面，使资源得到有效利用以推动循环经济的健康发展。

在前文论述的制定和完善循环经济法律法规体系的基础上，借鉴发达国家经验，研究制定以加速发展循环经济为目标的政策体系，如产业发展政策、财税优惠政策、投资信贷政策等，制定各项标准规范使循环经济的有关政策法律切实可行、便于落实。

首先，在产业发展政策上，我们应深化投资体制改革，调整和落实投资政策，加大对循环经济发展的资金支持。我们应不断推进企业改革，制定有利于企业建立、符合循环经济要求的生态工业网络的产业政策。另外，从各地实际出发，及时研究制定各项促进循环经济发展的价格政策和收费政策，完善自然资源价格形成机制，深化价格改革，利用价格杠杆促进循环经济发展。比如，合理调整城市供水价格，合理确定再生水价格，实现居民生活用水阶梯式计量水价；逐步提高水利工程供水价格，完善农业水费计收办法；在用电方面，对国家淘汰和限制类项目及高能耗企业严格实行差别电价等。

其次，对于财税优惠政策方面，我们应以支持循环经济发展为大前提，加大对循环经济重大项目投资的扶持力度，对再生资源回收、资源综合利用较好的企业，在税收缴纳和抵税问题上给予最大程度的优惠；建立对再生能源的抵税制度，并逐渐把受惠的再生能源的范围扩大到风能、生物质能、地热、太阳能等方面；对绿色产品的生产、销售也给予税收优惠；对绿色产品的推广给予适当的财政补贴，制定绿色产品政府采购目录，消费者购买节能产品也将获得抵税优惠；设立发展循环经济专项资金，用于政策研究、技术推广、国际交流与合作等。另外，国家还可以通过政策倾斜，鼓励和引导金融机构对发展循环经济的重大项目、骨干企业给予贷款支持。

最后，加快制定发展循环经济的标准规范。国家有关部门要研究制定高耗能、高耗水及高毒化行业的市场准入标准和合格评定制度；制定重点行业清洁生产评价指标体系以及生态工业园区和省、市级循环经济示范区的评价标准；实行产品的绿色标识、能效标识和再利用品标识；设定设备能效标准、重点用水行业取水定额标准等；另外，在扩大水资源费征收范围的同时提高城市污水处理费征收标准和城市生活垃圾处理费的征收标准。

3. 建立绿色保障制度体系

发达国家发展循环经济的经验告诉我们，循环经济，需要制度创新来推动。不解决制度问题，循环经济难以顺利发展。具体而言，保障循环经济发展的制度体系主要包括了绿色产权制度、绿色审计制度、绿色监督制度等。

1）建立适应循环经济发展的绿色产业制度

绿色产业也可以称为环保产业，绿色产业制度是以循环经济为主要内容，可以调整传统产业结构，加快再生资源产业的发展，推动生态工业、生态农业、生态观光旅游等行业的成熟。它要求各地根据资源条件、区域等特点，优化资源配置，用循环经济理念指导区域发展、产业转型和老工业基地改造。严格限制新上高耗能、高耗水、高污染项目，加快淘汰落后技术、工艺和设备。鼓励发展资源消耗低、附加值高的第三产业和高技术产业，并以此为基础改造传统产业，不断增强高效利用资源和保护环境的能力。例如，循环经济的发展要求贯彻工业生态学的观念来改造现行的工业体系，其中就包括了微观层次的清洁生产和宏观层次的发展生态工业园区。通过运用循环经济的法规政策，使企业和企业之间、产业和产业之间形成微妙的共生共存的关系。又如，对于农业方面，它要求改变传统的农作方式，通过指导思想、开发目标和资金规划等方式，发展包括有机农业、生态农业在内的绿色农业。它还积极推动生态旅游业的发展，倡导绿色产业示范园和旅游业相互结合、相互促进。此外，大力发展旧物调剂和资源回收产业，即社会静脉产业，也是绿色产业制度的一个重点。该产业保证了在整个社会范围内形成"自然资源—产品—再生资源"的循环环路，从而也保证了整体循环的实现。

2）建立支撑循环经济发展的绿色技术制度

随着全球环境问题的日渐突出，对环境质量的现状和趋势的把握以及对环境危险的预测显得日益重要，环境质量的提高和循环经济的发展都有赖于先进技术带来的生产力水平的提高。因此，建立绿色技术制度解决环境问题已成为各国政府的工作重点之一。该制度要求企业在设计产品工艺时，应少用或不用有毒和危险物质，尽可能少的排放废物，产品还应便于升级换代，在产品使用生命周期结束以后，也易于拆卸和综合利用。它通过制定和发布相关技术政策，引导企业重点组织开发有重大推广意义的资源节约和替代技术、能量梯级利用技术、"零排放"技术、有毒有害原材料替代技术、可回收利用材料和回收处理技术等，从而大大降低原材料和能源的消耗。另外，它鼓励国际的技术合作，推动先进技术的基础研究并促进其迅速在全社会范围内普及。总之，建立健全绿色技术制度是解决环境诸多问题、保障循环经济稳步迅速发展的有效途径。

3）建立以绿色GDP为代表的绿色管理制度

长期以来，我们传统的国家预算、审计制度均不将环境的价值因素考虑其中，国民生产总值的计算模式也没有考虑经济活动造成的资源耗费和生态环境恶化，没有反映自然资源对经济发展的贡献和生态资源的巨大经济价值。然而，在自然资源和优美生态环境变得日益稀缺的今天，如果继续使用这种经济增长指标模式，会使政府和公众被经济的虚假繁荣所迷惑，从而忽视传统的开发、生产和经营方式所造成的许多不可再生自然资源的巨大浪费和对生态环境的巨大破坏。这不仅会影响经济的可持续增长，也会使人民的基本生存和发展面临重大威胁。因此，顺应国际潮流，建立全新概念的绿色GDP制度具有十分重大的现实意义。该制度强调的是每项经济活动所带来的经济增长数值后面必须罗列上该项经济活动的可能或已经造成的环境问题，如生物物种的增减、能源的消耗、生态质量的升降等，并将以此抵消相当部分的经济增长，所得的最后数值才应该是该项经济活动的实际效益。这无疑将有利于社会成本和经济效益的真实呈现，最终为国家做出正确的经济决策提供可靠的保障。

作为绿色管理制度的另一方面，就是要建立起全新的政绩考核制度。通过该制度的施行，把推进可持续发展、资源消耗程度和环境正负影响程度作为评价各级政府政绩的重要指标。与此同时，建立健全相配套的促进循环经济发展的奖惩制度，使政府转变唯 GDP 至上的传统政绩观，自觉主动把生态保护、资源节约放在首位，积极运用财税、投资、价格等政策手段，促进循环经济的发展。

最后，完善的国家环境信息公开制度也是绿色保障制度体系的重要组成部分。该制度的建立，有利于国家法律、政策和其他制度的落实和执行，有利于媒体的监督和全社会公众的参与，更有利于推动整个循环经济的健康发展。

第五章　基于循环经济模式下的生态环境设计的现状及原因探究

第一节　基于循环经济模式下的生态环境设计的现状分析

世界各国都在积极追求绿色和可持续的发展，绿色已成为世界经济发展的潮流和趋势。20世纪70年代末以来，中国作为世界上发展最快的发展中国家，经济社会发展取得了举世瞩目的成就，但环境污染问题严重制约着经济社会的持续发展，实施以低能耗、低污染与低排放为实质的绿色经济战略是解决环境问题突出、实现经济发展与环境友好的有效途径。

我国在工业化进程中一直高度重视资源节约和生态环境保护，"十八大"和"十三五"规划中均提出要推进生态文明建设和绿色发展。生态环境设计是指将环境因素纳入设计之中，在产品开发的所有阶段均考虑环境因素，从产品的整个生命周期减少对环境的影响，最终引导生产和消费系统更具可持续性，是推进绿色经济发展的重要措施，也是企业实现可持续发展、提高核心竞争力的重要手段。美国、欧盟等大多数发达国家均把实施生态环境设计作为应对气候变化异常、破解资源环境瓶颈和增强国际竞争力的重要途径。《中国制造2025》也提出要"支持企业开发绿色产品，推行生态环境设计，引导绿色生产和绿色消费"。

为应对国外生态环境设计要求和提高产品环境性能，我国出台了一系列措施推动产品生态环境设计。2011年10月发布的《国务院关于加强环境保护重点工作的意见》就将"推行工业产品生态环境设计"作为保护环境的重要举措。2012年1月，工信部发布的《工业清洁生产推行"十二五"规划》，把"开展工业产品生态环境设计"作为推行工业清洁生产的三大主要任务之一。2012年5月和6月，科技部和国务院先后发布的《绿色制造科技发展"十二五"专项规划》和《"十二五"节能环保产业发展规划》，进一步强调要开展和推进产品的生态环境设计。从2012年8月起，工信部在家电领域启动了"能效之星"评比活动，在活动的评比细则中，首次将产品生态环境设计评价纳入家电产品领域的国家级评比活动（在15分的环保评比总分中占据5分），要求企业对产品进行生命周期评价，并编制产品生态报告。2013年1月，工信部、发改委和环保部联合发布了《关于开展工业产品生态环境设计的指导意见》，引导企业开展工业产品生态环境设计，促进生产方式、消费模式向绿色低碳、清洁安全转变，并正在陆续推出相关配套政策。

第二节　基于循环经济模式下的生态环境设计的影响因素探究

一、技术基础薄弱

生命周期评价作为产品生态环境设计的重要工具，可在设计阶段对产品生命周期环境影响进行评价，有助于企业识别对环境影响大的环节和因素，为产品的绿色化设计提供技术支持。欧盟的能源相关产品生态环境设计指令（EP）和美国的电子产品环境影响评估标准（EPEAT）都将开展生命周期评价作为生态环境设计产品评价的重要指标。评价范围界定、清单数据收集和建模计算等是开展产品生命周期评价的主要技术难点。相对于国外已经建立了较为完善的基础数据库，国内的生命周期数据库开发还处于起步阶段，目前中科院生态中心、北京工业大学材料学院环境材料与技术研究所和四川大学亿科环境科技公司均分别建立了综合性的生命周期清单数据库，但这些数据主要来源于文献资料和研究报告，缺乏实地调研，数据量总体上仍较少，且尚未完全公开。此外，可使用专业软件进行产品生命周期建模计算的技术人员主要集中在科研机构和少数大型企业，可见国内企业开展产品生命周期的技术基础仍较薄弱。

二、评价指标体系可操作性不足

一系列生态环境设计相关标准的发布和实施为企业开展产品生态环境设计提供了具体的评价指标及要求。但从目前发布的产品标准来看，一方面，某些产品标准缺乏量化要求，如GB/T23109—2008《家用和类似用途电器生态环境设计电冰箱的特殊要求》就为定性的指标要求，缺乏量化的指标和要求；另一方面部分量化评价指标缺乏可操作性，家用洗涤剂、可降解塑料、无机轻质板材的《生态环境设计产品评价规范》中均要求对生产过程中的单位产品能耗和排放等指标进行量化评价。然而工业产品通常为批量生产，一个生产工序或设备可能生产多类产品，如家用洗涤剂产品范围涵盖织物洗护、餐具洗涤、消杀、家居清洁等多个品种，计量措施很难统计出生产某一类产品的能耗和排放。

三、相关财税扶持政策缺乏

我国开展产品生态环境设计尚处于起步阶段，国家政策支持对于推动企业实施产品生态环境设计至关重要。近年来，我国对于生态环境设计的政策支持力度不断增加，但相关财税优惠政策则相对不足，国家工信部在《生态环境设计示范企业创建工作方案》中也仅提出对完成各项试点工作任务和达到生态环境设计示范创建要求的试点企业经验收合格后授予"工业生态环境设计示范企业"称号，缺乏相应的财税政策支持，这在一定程度上影响了国内企业实施产品生态环境设计的积极性。尽管我国从 2003 年 1 月 1 日就正式实施了《政府采购法》，财政部、国家发改委和环保总局先后建立了节能产品和环境标志产品政府优先或强制采购的制度，但目前我国政府绿色采购占公共采购比例仍相对较低。

四、绿色供应链促进机制急需完善

绿色供应链需要通过带动上下游企业采取环保、节能和降耗等措施，并通过绿色采购的市场机制，实现产业向绿色的转变，这可能会使企业成本在短期内上升。通过绿色供应链示范项目实施，初步建立了我国绿色供应链管理制度，为进一步推动绿色供应链积累了一定经验，但总体而言绿色供应链在我国仍处于探索阶段，参与绿色供应链的企业仍较少，示范效应仍不足，绿色供应链促进机制急需完善。此外，绿色供应链相关法规与标准的缺失也在一定程度影响了供应链上企业生态环境设计相关信息的披露与互相监督。

第六章 基于循环经济模式下的生态环境设计发展的策路与思考

第一节 基于循环经济模式下的生态环境设计发展趋势研究

一、循环经济理念运用到生态环境设计中

循环经济理念运用到生态环境设计中可以充分提高资源和能源的利用效率，最大限度地减少废物排放，保护生态环境。传统经济发展模式是由"资源—产品—污染排放"所构成的单向物质流动的经济，在这种经济中，人们最大限度地将自然资源和能源开采出来，在生产加工和消费过程中又把污染物和废物大量地排放到环境中去，对资源的利用常常是粗放的和一次性的。这与可持续发展和生态环境保护的要求是相违背的。为了搞好生态环境保护工作，促进经济的可持续发展，按照循环经济理念的要求，在生产和消费系统中引入生态保护环节，使工农业生产、消费系统中产生的废弃物和污染物，作为所引入的生态环节的资源加以再利用，实现物质的良性循环，提高资源的利用效率，减少资源的投入量和污染物的排放量，切实有效地保护生态环境。

二、将循环经济理念运用到生态环境设计中

将循环经济理念运用到生态环境设计中能够实现社会、环境、经济的共赢。传统经济发展模式通过把资源持续不断地变成废物来实现经济增长，忽视了经济结构内部各产业之间的有机联系和共生关系，忽视了社会经济系统与自然生态系统之间的物质、能量和信息传递、迁移、循环等规律，形成高开采、高能耗、高排放、低利用"三高一低"的线性经济发展模式。导致许多自然资源的短缺与枯竭，产生严重的环境污染，给社会、经济、环境造成了重大损害。将循环经济理念应用到对生产和消费系统的生

态环境设计中，以协调人与自然关系为准则，模拟自然生态系统运行方式和规律，引入生态保护环节，实现资源的可持续利用，使社会生产从数量型物质增长，转变为质量型的服务增长。通过生态环境设计，拉长生态产业链条。推动环保产业和其他新型产业的发展，增加就业机会，促进社会的可持续发展。例如，德国在发展循环经济方面，始终走在世界前列。德国废物循环利用率已为 50%，废物回收利用年产值约 400 亿欧元，就业人数 24 万，成为德国经济新的增长点和扩大就业的新动力。

三、循环经济理念在生态环境设计中的应用可以在不同层面将生产和消费纳入可持续发展的框架中

传统经济发展模式将物质生产和消费割裂开来，形成大量生产、大量消费和大量废弃的恶性循环。

目前，循环经济理念在生态环境设计中的应用实践已在三个层面上将生产（包括资源消耗）和消费（包括废物排放）这两个环节有机地联系起来：一是企业内部的清洁生产和资源循环利用；二是共生企业间或产业间的生态工业网络；三是区域和整个社会的废物回收和再利用体系。

循环经济理念在生态环境设计中的应用，就是用新的思路去调整产业结构，用新的机制激励企业和社会追求可持续发展的新模式。通过生态环境设计，在传统经济发展模式线形技术范式的基础上，增加反馈机制。在微观上，要求生产、消费系统纵向延长产业链条，从生产产品延伸到废旧产品回收处理和再生；横向体系拓宽，将生产过程中产生的废弃物进行回收利用和处理。在宏观层次上要求整个社会技术体系实现网络化，使资源跨产业循环利用。在提高物质循环利用率的同时，减少资源的消耗量和污染物的排放量，促进经济效益、社会效益、环境效益全面、协调、可持续发展。

第二节　基于循环经济模式下的生态环境设计发展策略与思考

一、完善生态环境设计产品评价指标体系

构建和完善生态环境设计产品的评价指标体系对于合理引导企业实施产品生态环境设计和应对绿色贸易壁垒具有重要意义，建立具备可操作性的生态环境设计产品评价指标体系是生态环境设计产品评价标准有效实施的关键。针对某些产品标准缺乏量

化要求和部分评价指标缺乏可操作性等问题，应继续加强生态环境设计产品评价指标体系研究，根据国内企业的技术能力充分考虑可操作性，同时应参考国外发达国家的生态环境设计评价指标体系及未来发展趋势，逐步实现国内评价指标构成和要求与国际接轨，从而有助于企业应对国际绿色贸易壁垒。此外，应在完善生态环境设计产品评价指标体系的基础上，加大标准的产品覆盖度，加紧制定生态环境设计产品标识的实施细则。

二、开发生态环境设计基础数据库

数据库缺乏是企业开展生命周期评价和实施生态环境设计的主要难点之一，综合性生命周期基础数据库所包含的行业和产品众多，数据库开发工作量巨大，建议我国产品生命周期数据库的开发结合目前国家开展生态环境设计的重点行业和产品，选取典型企业开展实地调研，围绕重点行业涉及的零部件、原辅材料和能源输入情况，依托供应商，对相关生产过程的大气排放、水体排放和固体废弃物排放等数据进行收集，优先开发和建立重点行业的生命周期基础数据库。同时鼓励开发生态环境设计的技术服务平台，在吸收和借鉴国外已有生命周期评价软件的基础上，简化评价模型，从而减少企业开展产品生命周期评价建模计算的技术难度。

三、搭建绿色供应链促进平台

我国绿色供应链推进工作亟须政府的引导，建议首先在珠三角、长三角等外向型经济主导的地区继续推进绿色供应链管理试点，搭建绿色供应链促进平台，以点带面，在试点经验积累的基础上在全国范围内全面推广绿色供应链管理。同时应加紧出台在全国促进绿色供应链环境管理的指导意见，制定绿色供应链管理相关办法，建立有利于推进绿色供应链管理的工作机制，通过开展绿色金融、绿色信息公开等制度建设，出台相关法律法规、标准和评价认证体系，逐渐完善绿色供应链环境管理制度，切实推动供给侧产业结构提升和绿色生态产品供给。

四、建立生态环境设计激励机制和推行模式

财税政策对于生态环境设计技术的发展与生态环境设计产品的推广具有极其重要的引导与支持作用，我国应加大财税方面的扶持力度，增加生态环境设计的财政支出，建立生态环境设计专项基金，灵活运用基金、补贴、奖励、贴息、担保等多种形式鼓励生态环境设计，充分发挥有利于生态环境设计的各种财税政策的组合引导效应，研究建立生态环境设计激励机制和长效推进模式。政府绿色采购制度是构筑绿色消费模式的重要措施和推动生态环境设计发展突破口，对企业和消费者具有重要的引导和示

范作用，应优先考虑将生态环境设计产品列入政府采购名录，明确采购规则和比例，为绿色产品和服务开拓市场。

参考文献

[1] 李兆前，齐建国.循环经济理论与实践综述 [J].数量经济技术经济研究，2004，21(9)。

[2] 陈德敏.循环经济的核心内涵是资源利用：兼论循环经济概念的科学运用 [J].中国人口资源与环境，2004，14(2).

[3] 范跃进.循环经济理论基础简论 [J].山东理工大学学报 (社会科学版)，2005(2).

[4] 沈金生.循环经济发展中政府、企业和公众利益博弈与对策：兼论部分国家循环经济成功经验 [J].中国海洋大学学报 (社会科学版)，2010(1).

[5] 王国印.论循环经济的本质与政策启示 [J].中国软科学，2012(1).

[6] 王晓冬.国外循环经济发展经验：一种制度经济学的分析 [D].吉林大学，2010.

[7] 褚大建.最近 10 年国外循环经济进展及对中国深化发展的启示 [J].中国人口资源与环境，2017，27(8).

[8] 原毅军.日本循环经济的发展及其对中国的启示 [J].经济研究导刊，2014(17).

[9] 何龙斌.美国发展农业循环经济的经验及其对中国的启示 [J].世界农业，2012(5).

[10] 信红柳.德国工业循环经济发展探析 [D].吉林大学，世界经济，2014.

[11] 胡洪营，石磊，许春华，李锋民.区域水资源介循环利用模式：概念·结构·特征 [J].环境科学研究，2015，28(6).

[12] 任磊.生态工业园区的规划与设计研究 [D].西安建筑科技大学，2012.

[13] 张龙香，尹建中.企业循环经济的经典模式 [J].黑龙江对外经贸，2011(3).

[14] 孙日瑶，邵一丹，袁文华.工业企业循环经济有效运行的三循环模型与应用 [J].北京理工大学学报（社会科学版).2014，16(1).

[15] 吴峰，徐栋，邓南圣.生态工业园区设计与实施 [J].环境科学学报，2002，22(6).

[16] 沈镭.资源的循环特征与循环经济政策 [C].中国自然资源学会学术年会，2004，27(1).

[17] 张思锋，周华.循环经济发展阶段与政府循环经济政策 [C].中国环境科学学会学术年会，2004.

[18] 郑云虹, 李凯, 武珊. 发展中国循环经济的财税政策 [J]. 东北大学学报（社会科学版），2004，6(4).

[19] 李勇进，陈文江，常跟应. 中国环境政策演变和循环经济发展对实现生态现代化的启示 [C]. 中国环境社会学国际学术研讨会，2007.

[20] 程瑜. 促进循环经济发展的财政政策研究 [J]. 中国人口·资源与环境，2006，16(6).

[21] 王国印. 论循环经济的本质与政策启示 [J]. 中国软科学，2012(1).

[22] 袁丽静. 价值链视角下的循环经济技术创新机制及其政策研究 [J]. 云南财经大学学报（社会科学版），2012(6).